# Analysis 2

Ein Lehr- und Arbeitsbuch

von
Karl-August Keil
Johannes Kratz
Hans Müller
Karl Wörle

LÖSUNGEN

bearbeitet von
Edgar John
Eberhard Lehmann



Bayerischer Schulbuch-Verlag · München

**bsv mathematik**

1981
3. Auflage

München 19, Hubertusstraße 4

Umschlag: Philipp Luidl, München
Satz: Frohberg, Freigericht
Druck: Georg Wagner, Nördlingen
ISBN 3-7627-3214-0

## 7.1.

1. a) $\overline{A}(Z) = 0{,}2\,[f(0{,}2) + f(0{,}4) + \ldots + f(1{,}8) + f(2)] = 1{,}54;$ S. 172
$\underline{A}(Z) = 0{,}2\,[f(0) + f(0{,}2) + \ldots + f(1{,}6) + f(1{,}8)] = 1{,}14;$

b) $\overline{A}(Z) = 0{,}2\,[f(0{,}2) + f(0{,}4)] + 0{,}1\,[f(0{,}5) + f(0{,}6) + \ldots + f(2)] = 1{,}44;$
$\underline{A}(Z) = 0{,}2\,[f(0) + f(0{,}2)] + 0{,}1\,[f(0{,}4) + f(0{,}5) + \ldots + f(1{,}9)] = 1{,}232;$

2. a) $\underline{A}(Z) = \frac{1}{n}\,[f(0) + f(\frac{1}{n}) + f(\frac{2}{n}) + \ldots + f(2 - \frac{1}{n})] = \frac{1}{2n^3}\,\frac{(2n-1)\,2n\,(4n-1)}{6} =$

$= \frac{1}{6n^2}\,(2n-1)\,(4n-1);$

$\overline{A}(Z) = A(Z) - \frac{1}{n}f(0) + \frac{1}{n}f(2)$ oder entsprechender Ansatz wie bei

$\underline{A}(Z)$. $\overline{A}(Z) = \frac{1}{6n^2}\,(2n+1)\,(4n+1).$

b) $\lim\limits_{n\to\infty}\underline{A}(Z) = \lim\limits_{n\to\infty}\overline{A}(Z) = \frac{4}{3}$. Deutung als Maßzahl A des Flächeninhalts für das Flächenstück zwischen dem Graph von f und der x-Achse im Intervall [0 ; 2].

3. a) (3) s. Fig. 7.1; S. 173

b) s. Fig. 7.1, 7.2, 7.3 des Lehrbuches.

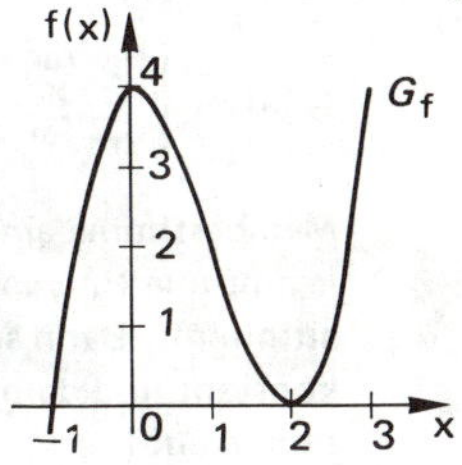

Fig. 7.1

4. a) Über Trapezfläche $A = \frac{f(-2) + f(1)}{2} \cdot 3 = 12;$

b) $J = [-2\,;\,1]$ wird in n äquidistante Teilintervalle der Länge $\frac{3}{n}$ zerlegt. f ist monoton fallend und daher wird

$\underline{A}(Z) = \frac{3}{n}\left[f(-2 + \frac{3}{n}) + f(-2 + \frac{6}{n}) + f(-2 + \frac{3n}{n})\right] = 12 - \frac{9}{n};$

$\overline{A}(Z) = 12 + \frac{9}{n};$

c) f ist eine lineare Funktion.

5. Man zeichne entsprechend Figur 7.1*, Abb. 3, des Lehrbuches und halbiere z. B. die Teilintervalle, um dann erneut obere und untere Rechtecke einzuzeichnen. S. 174

6. a) $t(x) = \begin{cases} 0 & \text{für } x \in [0\,;\,1[ \\ 0{,}5 & \text{für } x \in [1\,;\,2] \end{cases};$

b) f ist keine Treppenfunktion, da sich keine Zerlegung angeben läßt; vgl. Definition der Zerlegung S. 170 (endliche Folge);

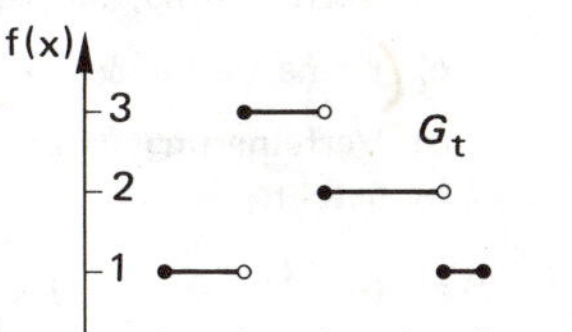

Fig. 7.2

c) A = 1 + 3 + 3 + 0,5 = 7,5 ; s. Fig. 7.2;

d) mit $b = x_k$ wird $A = \sum\limits_{\mu=1}^{k} c_\mu (x_\mu - x_{\mu-1})$ für $c_\mu \geqq 0,\ \mu = 1, 2, \ldots k$

und $A = -\sum\limits_{\mu=1}^{k} c_\mu (x_\mu - x_{\mu-1})$ für $c_\mu < 0,\ \mu = 1, 2, \ldots k;$

S. 174 e) Beispiel: Es sei

$$t_1(x) = \begin{cases} 1 \text{ für } 1 \leqq x < 2 \\ 3 \text{ für } 2 \leqq x \leqq 3 \end{cases} \quad \text{und } t_2(x) = \begin{cases} 4 \text{ für } 1 \leqq x < 2 \\ 3 \text{ für } 2,5 \leqq x \leqq 3. \end{cases}$$

Zu $t_1$ gehört die Zerlegung $Z_1 = (1\,;2\,;3)$ zu $t_2$ die Zerlegung $Z_2 = (1\,;2{,}5\,;3)$.
Sei Z die verfeinerte Zerlegung des Intervalls $[1\,;3]$ : $Z = (1\,;2\,;2{,}5\,;3)$. Dann gilt

$$(t_1 t_2)(x) = \begin{cases} 4 \text{ für } 1 \leqq x < 2 \\ 12 \text{ für } 2 \leqq x < 2{,}5 \text{ und} \\ 9 \text{ für } 2{,}5 \leqq x \leqq 3. \end{cases}$$

$$(t_1 + t_2)(x) = \begin{cases} 5 \text{ für } 1 \leqq x < 2 \\ 7 \text{ für } 2 \leqq x < 2{,}5\,. \\ 6 \text{ für } 2{,}5 \leqq x \leqq 3 \end{cases}$$

$(t_1 + t_2)(x)$ und $(t_1 t_2)(x)$ sind in jedem Intervall von $[1\,;3]$ konstant, also Treppenfunktionen.
Allgemein: Es sei

$$t_1(x) = \begin{cases} c_\mu \text{ für } x \in [x_{\mu-1}; x_\mu[\,,\ \mu = 1, 2, \ldots k-1 \\ c_k \text{ für } x \in [x_{k-1}\,; x_k] \text{ mit } x_0 := a,\ x_k := b \text{ und} \end{cases}$$

$$t_2(x) = \begin{cases} d_v \text{ für } x \in [x'_{v-1}\,; x'_v[,\ v = 1, 2, \ldots m-1 \\ d_m \text{ für } x \in [x'_{m-1}; x'_m] \text{ mit } x'_0 := a,\ x'_m := b\,. \end{cases}$$

Man bestimme eine gemeinsame Zerlegung Z von $[a\,;b]$, indem man in die Zerlegung alle Intervallendpunkte $x_\mu$ ($\mu = 0, 1, 2, \ldots k-1, k$) und $x'_v$ ($v = 1, 2, \ldots m-1$) aufnimmt. Dann sind die Funktionen $t_1(x)$ und $t_2(x)$ auf den Teilintervallen von Z konstant und damit auch $(t_1 + t_2)(x)$ und $(t_1 t_2)(x)$, die also wieder Treppenfunktionen auf $[a\,;b]$ sind.

## 7.2.2.

S. 182 1. a) 2; b) $-2$; c) $\frac{a^2}{2}$; d) $\frac{b^2 - a^2}{2}$.

2. (1) a) Keine Verfeinerung von $Z_1$, da nicht alle Teilpunkte von $Z_1$ in $Z_2$ enthalten sind;
   b) Verfeinerung; alle Teilpunkte von $Z_1$ sind auch in $Z_2$;
   c) (Keine Verfeinerung;) von n abhängig
   d) Verfeinerung; jedes der n Teilintervalle von $J$ wird durch $Z_2$ in n gleiche Teile geteilt.

   (2) a) $(n + 1) = 9$ : $2 < 2\frac{8}{9} < 3\frac{7}{9} < \ldots < 8\frac{2}{9} < 9\frac{1}{9} < 10$;
   b) $2n = 18$ : $2 < 2{,}5 < 3 < 3{,}5 < \ldots < 8{,}5 < 9 < 9{,}5 < 10$;
   c) $2^n = 8$ : $2 < 3 < 4 < \ldots < 8 < 9 < 10$;
   d) $n^2 = 9$ : siehe Ungleichungskette bei a).

   (3) Im Fall b) und d

(4) a) $\delta(Z_1 + Z_2) = \frac{4}{3}$; b) $\delta(Z_1 + Z_2) = 0{,}8$; c) $\delta(Z_1 + Z_2) = 0{,}25$; d) $\delta(Z_1 + Z_2) = 0{,}32$. **S. 182**

3. Es sei $Z_n = (x_0, x_1 \ldots x_j, x_{j+1}, \ldots x_{n-1}, x_n)$ und
$Z = (x_0, y_1 \ldots y_i, \ldots y_{m-1}, x_n)$. Für $Z_n + Z$ kann dann gelten:

(1) Es liegt mindestens ein $y_i$ in $]x_j\,;\,x_{j+1}[$. Da wegen $\lim\limits_{n\to\infty} \delta(Z_n) = 0$ auch $|x_{j+1} - x_j| \to 0$, gilt erst recht $|x_{j+1} - y_i| \to 0$ und $|y_i - x_j| \to 0$, sowie $|y_i - y_k| \to 0$, falls auch noch $y_k \in\, ]x_j\,;\,x_{j+1}[$ oder

(2) es liegt kein $y_i$ in $]x_j\,;\,x_{j+1}[$. Dann folgt aus $\lim\limits_{n\to\infty} \delta(Z_n) = 0$, daß $|x_{j+1} - x_j| \to 0$.
Insgesamt ist also $\lim\limits_{n\to\infty} \delta(Z_n + Z) = 0$.

4. a) $\sum\limits_{\mu=1}^{n} k = \underbrace{k + k + \ldots + k}_{n\text{-mal}} = nk;$

b) $\sum\limits_{\mu=1}^{n} (x_\mu + y_\mu) = (x_1 + y_1) = (x_2 + y_2) + \ldots + (x_n + y_n) =$
$= (x_1 + x_2 + \ldots x_n) + (y_1 + y_2 + \ldots y_n) = \sum\limits_{\mu=1}^{n} x_\mu + \sum\limits_{\mu=1}^{n} y_\mu;$

c) $\sum\limits_{\mu=1}^{n} (x_\mu - x_{\mu-1}) = (x_1 - x_0) + (x_2 - x_1) + \ldots + (x_{n-1} - x_{n-2}) + (x_n - x_{n-1}) =$
$= x_n - x_0;$

d) $\sum\limits_{\mu=1}^{n} c(x_\mu - x_{\mu-1}) = c \sum\limits_{\mu=1}^{n} (x_\mu - x_{\mu-1}) = c(x_n - x_0);$

e) $\sum\limits_{\mu=1}^{n} (k + mx)^2 = \sum\limits_{\mu=1}^{n} (k^2 + 2k\,mx + m^2x^2) = (k^2 + 2k\,mx_1 + n^2x_1^2) + \ldots +$
$+ (k^2 + 2k\,mx_n + m^2x_n^2) = nk^2 + 2\,km \sum\limits_{\mu=1}^{n} x_\mu + m^2 \sum\limits_{\mu=1}^{n} x_\mu^2.$

5. Die zweite Zerlegung (gestrichelt in Fig. 7.10 des Lehrbuches) ist keine Verfeinerung der ersten und hat eine kleinere Untersumme. **S. 183**

6. Jede Zerlegung ist eine Verfeinerung der vorhergehenden; $[0\,;\,(b-a) \cdot \max\limits_{[a;b]} f(x)]$.

7. Wegen der Symmetrie des Graphen von $f(x) = x^2$ zur y-Achse oder nach (8), S. 181, wird

$$\int_{-a}^{a} x^2\,dx = 2\int_{0}^{a} x^2\,dx = \frac{2}{3}a^3.$$

8. $\lim\limits_{n\to\infty} \frac{b-a}{n} \sum\limits_{\mu=1}^{n} (a + \mu\frac{b-a}{n}) = \lim\limits_{n\to\infty} \frac{b-a}{n} (na + \frac{b-a}{n} \cdot \frac{n(n+1)}{2}) = \frac{b^2 - a^2}{2}.$

9. a) $\int_a^b k \cdot f(x)\,dx = \lim\limits_{n\to\infty} \frac{b-a}{2} \sum\limits_{\mu=1}^{n} kf(a + \mu\frac{b-a}{n}) = \lim\limits_{n\to\infty} \frac{b-a}{n}\, k \sum\limits_{\mu=1}^{n} f(a + \mu\frac{b-a}{n}) =$

$$= k \lim_{n\to\infty} \frac{b-a}{2} \sum_{\mu=1}^{n} f(a + \mu\frac{b-a}{n}) = k\int_a^b f(x)\,dx;$$

S. 183 b) $-\int_b^a f(x)\,dx = -\lim_{n\to\infty} \frac{a-b}{n} \sum_{\nu=1}^{n} f(b + \nu \frac{a-b}{n}) = \lim_{n\to\infty} \frac{b-a}{n} \sum_{\nu=1}^{n} f(a + (n-\nu)\frac{b-a}{n}) =$

$$= \lim_{n\to\infty} \frac{b-a}{n} \sum_{\mu=0}^{n-1} f(a + \mu\frac{b-a}{n}) = \int_a^b f(x)\,dx\,.$$

S. 187 **7.2.3.**

1. a) 22,5 ; b) 36 ; c) $\frac{1}{3}\sqrt{c}$ ; d) 7,5 ; e) 15 ; f) −43.

2. a) $S_1(0\,;0)$ ; $S_2(\frac{2}{k}\,;\frac{4}{k})$, $k \neq 0$ ; b) s. Fig. 7.3 ;

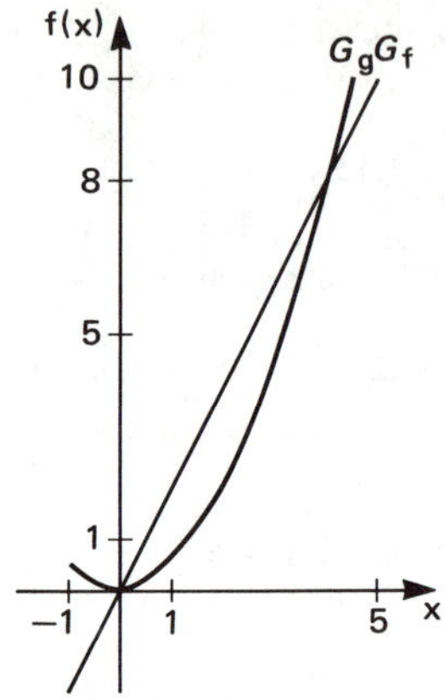

Fig. 7.3

c) $\int_0^4 (22x - 0{,}5\,x^2)\,dx = \frac{16}{3}$ ; $\int_0^{\frac{2}{k}} (2x - kx^2)\,dx = \frac{4}{3k^2}$. Die Flächenstücke zu $k > 0$ und $k < 0$ liegen punktsymmetrisch zu (0 ; 0) und haben damit den gleichen Inhalt.

3. $\int_0^3 (1{,}5\,x - 0{,}5x^2)\,dx = \frac{9}{4}$.

4. Geradengleichung $y = 0{,}5x + 3$ ; $\int_{-2}^{4} (0{,}25x^2 - 0{,}5x - 2)\,dx = 9$.

5. M(3 ; 4) ; $\int_0^3 (-\frac{1}{3}x^2 + 2x + 1)\,dx = 9$.

6. a) $[\frac{x^3}{3}]_0^{\lambda} = 72 \Rightarrow \lambda = 6$ ; b) $[\frac{x^2}{2} + x]_0^{\sqrt{\lambda}} = 12 \Rightarrow \sqrt{\lambda_1} = 4\ (\lambda = 16)$ ;

   c) $[\frac{x^2}{2}]_{\lambda}^{2\lambda} = 6 \Rightarrow \lambda = 2$.

7. a) $f(4) = 6$ ; für $h > 0$ sind auch $\lim_{h\to 0} f(4 + h) = 6$ und $\lim_{h\to 0} f(4-h) = 6$ ;

   b) f ist in [−2 ; 6] stetig; $\int_{-2}^{6} f(x)\,dx = \int_{-2}^{4} \frac{3}{2}x\,dx + \int_4^6 (\frac{1}{2}x^2 - x + 2)\,dx = \frac{85}{3}$.

8. $\int_{-a}^{a} f(x)\,dx = 0$, wegen $f(x) = -f(-x)$ ; die Flächen zwischen Kurve und x-Achse in [−a ; 0] und [0 ; a] sind inhaltsgleich.

9. a) S. Fig. 7.4 ;

   b) von 0 bis 2 und von 2 bis 3 integrieren, $A = \frac{47}{6}$.

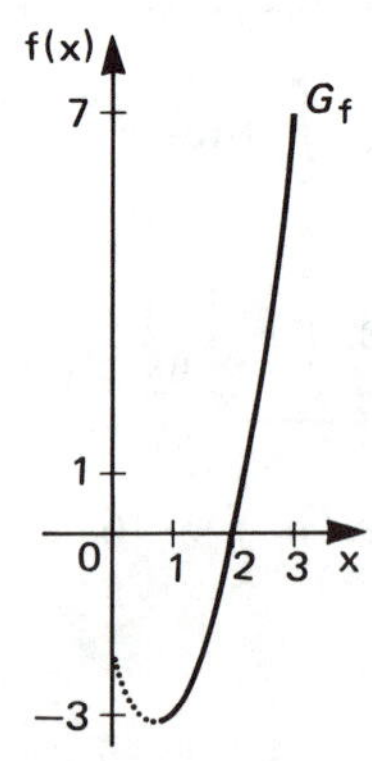

Fig. 7.4

10. $\int_0^{0,5} (x-x^2)\,dx = \frac{1}{12} = s$ und $\int_0^{0,5} (x+x^2)\,dx = \frac{1}{6} = S.$ **S. 188**

11. Aus $0 < f(x)$ folgt nach Satz 5, S. 185, für alle $x \in [a\,;b]$ $\int_a^b 0\,dx < \int_a^b f(x)\,dx$, also $0 < \int_a^b f(x)\,dx$; entsprechend für $f(x) < 0$. Die Umkehrung gilt nicht, z. B. ist

$\int_{-1}^{2} x\,dx > 0$, aber etwa $f(-1) < 0$.

12. $$\int_a^b f(x)\,dx + \int_a^b g(x)\,dx = \lim_{n\to\infty} \frac{b-a}{n} \sum_{v=1}^{n} f(x_{nv}) + \lim_{n\to\infty} \frac{b-a}{n} \sum_{v=1}^{n} g(x_{nv}) =$$

$$= \lim_{n\to\infty} \frac{b-a}{n} \sum_{v=1}^{n} \big(f(x_{nv}) + g(x_{nv})\big) = \int_a^b \big(f(x) + g(x)\big)\,dx\,;$$

$$\int_a^b kf(x)\,dx = \lim_{n\to\infty} \frac{b-a}{n} \sum_{v=1}^{n} kf(x_{nv}) = k \lim_{n\to\infty} \frac{b-a}{n} \sum_{v=1}^{n} f(x_{nv}) = k \int_a^b f(x)\,dx\,.$$

13. Folgt sofort aus Satz 6, S. 186.

Aufgabe: $W = 1{,}25$ J, wobei $k = 250\ \text{Nm}^{-1}$. **S. 189**

**8.1.** **S. 194**

1. Mit Hilfe der Ableitungen ergibt sich

   a) $D = \left[-1\,;\frac{5}{9}\right] \cup \left[\frac{5}{9}\,;1\right] \cup \left[1\,;5\right]$;

   b) $D = \left[-2\,;-\frac{7}{4}\pi\right] \cup \left[-\frac{7}{4}\pi\,;-\frac{5}{4}\pi\right]$

   $\cup \ldots \left[\frac{9}{4}\pi\,;\frac{5}{2}\pi\right]$;

   c) $D = [-2\,;0] \cup [0\,;1] \cup [1\,;3]$;

   s. Fig. 8.1;

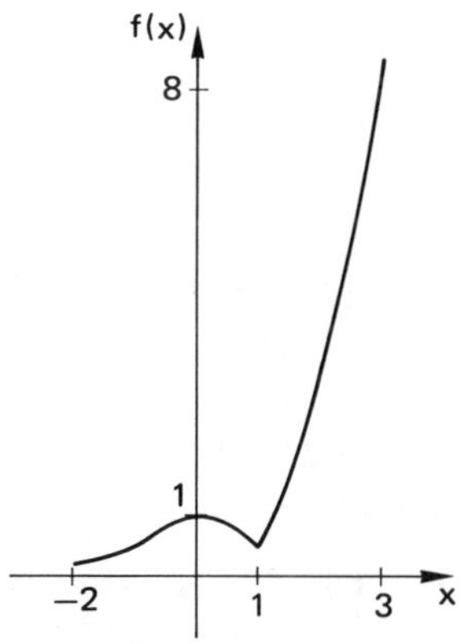

Fig. 8.1

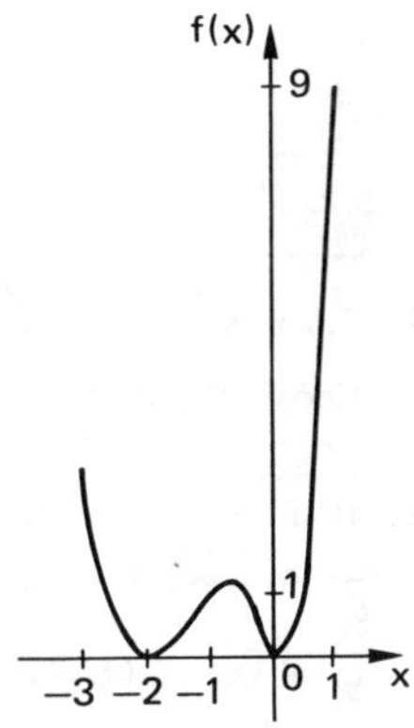

Fig. 8.2

   d) $D = [-3\,;-2] \cup \left[-2\,;-\frac{2}{3}\right] \cup \left[-\frac{2}{3}\,;0\right] \cup [0\,;1]$; s. Fig. 8.2.

2. a) $\delta = 0{,}05$; b) $2x_0^2 - \epsilon < 2x^2 < 2x_0^2 + \epsilon \Rightarrow$

   $\sqrt{x_0^2 - \frac{\epsilon}{2}} < x < \sqrt{x_0^2 + \frac{\epsilon}{2}} \Rightarrow \sqrt{x_0^3 - \frac{\epsilon}{2}} = x_0 - \delta$ und $\sqrt{x_0^2 + \frac{\epsilon}{2}} = x_0 + \delta \Rightarrow$

   $\delta = \text{Min}\,(x_0 \pm \sqrt{x_0^2 - 0{,}05}\,;\ -x_0 \pm \sqrt{x_0^2 + 0{,}05}\,)$;

**S. 194** c) $\delta = \dfrac{0{,}1\, x_0^2}{1 + 0{,}1\, x_0}$.

**S. 195** 3. $|x^3 - x_0^3| = |(x-x_0)(x^2 + xx_0 + x_0^2)| \leqq |300(x-x_0)| < 300\, \dfrac{\epsilon}{300} = \epsilon$.

4. Für $\dfrac{1}{u} = \dfrac{\pi}{2} + 2n\pi$, d. h. $u = \dfrac{2}{\pi+4n\pi}$ ergibt sich $f(u) = 1$, für $\dfrac{1}{v} = \dfrac{3\pi}{2} + 2n\pi$,

d. h. $v = \dfrac{2}{3\pi+4n\pi}$, wird $f(v) = -1$. Für große n liegen u und v beliebig nah aneinander, jedoch ist $|f(u) - f(v)| = |1-(-1)| = 2$.

5. f ist in $\mathbb{R} \setminus \{0\}$ stetig. Nach (7), S. 181, wird

$\int_1^2 \frac{dx}{x} \approx 0{,}1 \sum_{v=1}^{10} f(1 + 0{,}1v) \approx 0{,}66877140$ (untere Schranke) und

$\int_1^2 \frac{dx}{x} \approx 0{,}1 \sum_{v=0}^{9} f(1 + 0{,}1\, v) \approx 0{,}71877140$ (obere Schranke) bzw.

$\int_1^2 \frac{dx}{x} \approx 0{,}01 \sum_{v=1}^{100} f(1 + 0{,}01\, v) \approx 0{,}69065343$ (untere Schranke) und

$\int_1^2 \frac{dx}{x} \approx 0{,}01 \sum_{v=0}^{99} f(1 + 0{,}01\, v) \approx 0{,}69565343$ (obere Schranke).

## 8.2.

**S. 198** 1. $F_1: x \mapsto \frac{1}{3}(x^3 + 1)$; $F_2: x \mapsto \frac{1}{3}x^3$; $F_3: x \mapsto \frac{1}{3}(x^3 - 1)$; $F_4: x \mapsto \frac{1}{3}(x^3 - 8)$;
Verschiebung in Richtung der y-Achse.

2. a) $F: x \mapsto x-a$ und $F(-3) = 0 \Rightarrow a = 3$;

b) $F: x \mapsto 0{,}5\,(x^2 - a^2)$ und $F(0) = -2 \Rightarrow a = \pm 2$;

c) $F: x \mapsto \frac{1}{3}(x^3 - a^3)$ und $F(3) = \frac{19}{3} \Rightarrow a = 2$.

3. a) $F(x) = \int_2^x (3t^2 - pt + 1)\, dt = x^3 - \frac{p}{2}x^2 + x + 2p - 10$; $F(3) = 0 \Rightarrow p = 8$;

Division von $F(x) = x^3 - 4x^2 + x + 6$ durch Linearfaktor $(x-3)$ ergibt $x^2 - x - 2$.
Also $x_{N2} = 2$, $x_{N3} = -1$;

b) $F(x, p) = F(-2, p) = -20$ unabhängig von p;

c) 1. Weg: Die beiden Punkte ergeben sich aus $F(2) = 0$ und $F(-2) = -20$;
2. Weg: Man setze $F(x, p_1) = F(x, p_2)$. Es folgt $x^2 = 4$ (falls $p_1 \neq p_2$) und somit $x_1 = 2$, $x_2 = -2$.

4. a) $F': x \to x^2 - 2x - 3$ ; b) $F': x \mapsto (2-3x)(2+3x)$ ; **S. 198**

c) $F': x \mapsto (\sqrt{2}\,x + 5)^2$ ; die Ableitungen sind gleich dem Wert des Integranden an der oberen Grenze.

5. Die Integralfunktionen zu f sind $F_a(x) = \frac{x^2}{4} - \frac{a^2}{4}$. F ist keine Integralfunktion, weil stets $5 \neq -\frac{a^2}{4}$, $a \in \mathbb{R}$ .

6. $F: x \mapsto -\frac{\cos 2x}{2} - \sin x$. **S. 199**

7. a) $v = ct + v_0$, $s = 0{,}5\,(t_2{}^2 - t_1{}^2) + v_0\,(t_2 - t_1)$ ;

b) $\int_{t_1}^{t} (0{,}1\,x + v_0)\,dx = (0{,}05\,t^2 + v_0 t) - (0{,}05\,t_1{}^2 + v_0 t_1)$, $t_1 = 0$ wählen, waagerechter Wurf.

8. a)

$$F: x \mapsto F(x) = \begin{cases} x & \text{für } x \in [0\,;2[\, = I_1 \\ 2{,}5\,x - 3 & \text{für } x \in [2\,;3{,}5[\, = I_2 \\ -x + 9{,}25 & \text{für } x \in [3{,}5\,;5] = I_3 \\ 2x - 5{,}75 & \text{für } x \in\, ]5\,;6] = I_4\,; \end{cases}$$

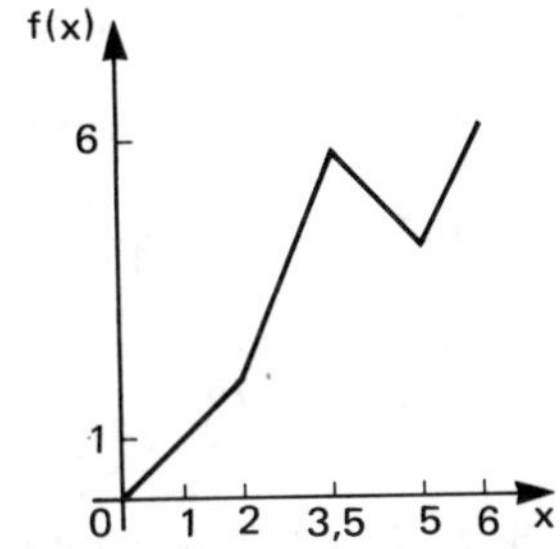

Fig. 8.3

b) s. Fig. 8.3 ; F überall stetig ;

c) Abgesehen von den Grenzen der Intervalle überall differenzierbar.

d) Für $x > a$ :

| Fallunterscheidung | $a \in I_1$ | $a \in I_2$ | $a \in I_3$ | $a \in I_4$ |
|---|---|---|---|---|
| $x \in I_1$ | $x - a$ | – | – | – |
| $x \in I_2$ | $2{,}5x - 3 - a$ | $2{,}5x - 2{,}5a$ | – | – |
| $x \in I_3$ | $-x + 9{,}25 - a$ | $-x - 2{,}5a + 12{,}25$ | $-x + a$ | – |
| $x \in I_4$ | $2x - 5{,}75 - a$ | $2x - 2{,}5a - 2{,}75$ | $2x + a - 16$ | $2x - 2a$ |
| $F(x) - F_a(x)$ für alle $x \in\, ]0\,;6]$ | a | $2{,}5a - 3$ | $-a + 9{,}25$ | $2a - 5{,}75$ |
| | in jedem Intervall nur abhängig von a | | | |

9. a) $-6$ und $46 : 3$ ; b) $a_1 = 0$, $a_{2/3} = -1{,}5\,(1 \pm \sqrt{5}\,)$ ;

c)

$$z \mapsto \begin{cases} \frac{z^3}{3} + z^2 - 3z - 18 & \text{für } z \in\, ]-\infty\,;-3[\,. \\ \frac{-z^3}{3} - z^2 + 3z & \text{für } z \in [-3\,;1] \\ \frac{z^3}{3} + z^2 - 3z + \frac{10}{3} & \text{für } z \in\, ]1\,;\infty[\,. \end{cases}$$

## 8.3.

S. 208 1. a) $F'(x) = 3x^2 - 5x + 8$ ; b) $F'(x) = 2 \sin 2x + (\cos x)^2 - x$;

c) $F' : x \mapsto |x-3| - x^4$ ; d) $F' : x \mapsto \frac{1}{x}$ ; e) $F' : t \mapsto t + \sqrt{1+t^2}$ .

2. a) 3 ; b) 4 ; c) 2,25 ; d) 0 ; e) 0 ; f) $\sqrt{2}$ ; g) 0 ; h) $-\frac{2}{\pi}$ ; i) 0 .

3. $x_{E1} = \frac{\pi}{4}$ (Minimum), $x_{E2} = \frac{5}{4}\pi$ (Maximum), $F(x) = -(\cos x + \sin x - 1)$.

4. Folgt aus $\int_a^b f(x)\,dx = F(b) - F(a)$, S. 203, für $a = x$ und $b = x + h$.

5. Integration von $f(x)$ und Einsetzen der Grenzen führt zu (1) $\frac{2}{3}a + 2c = 0$.
$\int_0^1 f(t)\,dt = 1$ liefert entsprechend (1) die Gleichung (2) $\frac{1}{3}a + \frac{b}{2} + c = \frac{3}{4}$. Stammfunktionen zu f sind $S(x) = \frac{x^4}{4} + \frac{a}{3}x^3 + \frac{b}{2}x^2 + cx + C$. Aus $S''(1) = 0$ folgt (3) $2a + b = -3$. Aus den Gleichungen (1) – (3) ergibt sich $a = -\frac{9}{4}$, $b = \frac{3}{2}$, $c = \frac{3}{4}$ und damit $f(x) = x^3 - 2{,}25\,x^2 + 1{,}5\,x + 0{,}75$.

6. a) $f'(x)$ bilden und aus $(2a-3)^3 = 1$ a bestimmen:

$\int_2^x 6(2t-3)^2\,dt$ ; b) $\int_{1,5\pi}^x (\sin t + t \cos t)\,dt$ ;

c) $\int_5^x \frac{t^2 - 10t - 1}{(t^2+1)^2}\,dt$ (Entfällt ab der 2. Auflage)

S. 209 7. a) $F(x) = x + \cos x + C$ mit $F(0) = 2$, also $F(x) = x + \cos x + 1$;

b) $F(x) = \sin x - \cos x - 4$ ; c) $F(x) = \frac{x^2}{2} - \cos x$ ; d) $F(x) = x^2 - \sin x$.

8. a) Man ziehe die Geraden zu $y = \min F(x)$ und $x = 3$, die sich in P schneiden. Die Gerade zu $x = 3$ schneidet den Graphen zu $F(x)$ in Q. Mit dem Stechzirkel kann die Länge von $\overline{PQ}$ als Inhaltsmaßzahl der schraffierten Fläche abgegriffen werden. Ergebnis ca. 3,3 FE.

b) $3\frac{1}{3}$ FE.

9. S. Fig. 8.4 ; $\int_0^6 0{,}25\,x\,(x-6)^2 = 27$.

10. M(3 ; –2), W(2 ; 0), Sekante $y = -2x + 4$, $A = \left|\int_2^3 (x^3 - 6x^2 + 11x - 6)\,dx\right| = 0{,}25$ .

11. a) S. Fig. 8.5 ;

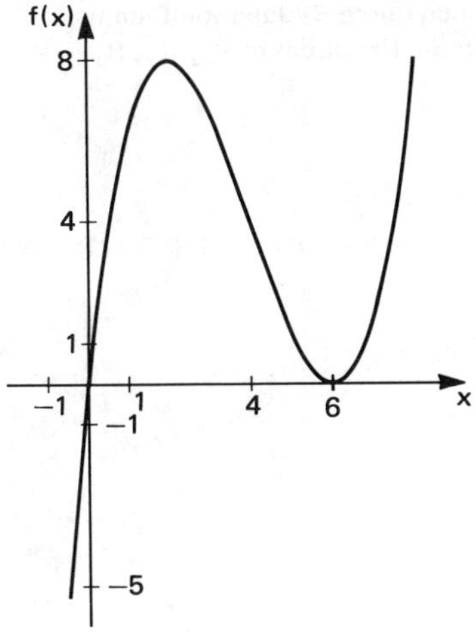


Fig. 8.4

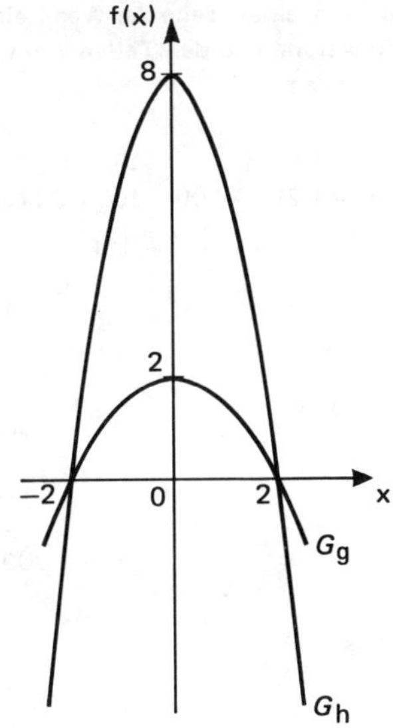


Fig. 8.5

b) $A = 2\int_0^k (k^3 - kx^2 - k + \frac{x^2}{k})\,dx = \frac{4}{3}k^2(k^2-1)$ für $k > 1$ ;

$A = \frac{4}{3}k^2(1-k^2)$ für $k \in \,]0\,;1]$ ;

c) Für Parameterwerte aus $]0\,;1]$ ergibt sich als maximaler Flächeninhalt $A = 1 : 3$ für $k = \sqrt{0{,}5}$ ; für $k = 1$ ist $A = 0$ ; für $k > 1$ gibt es kein Maximum.

12. a) Ableitung der Stammfunktion liefert jeweils den Integranden.

b) (1) Stammfunktion bestimmen, deren Graph durch $P(\frac{\pi}{4}\,;\frac{1}{4})$ geht:

$F(x) = -0{,}5\cos 2x + 0{,}25$ oder $F(x) = (\sin x)^2 - 0{,}25$.

(2) $(\sin a)^2 - 0{,}25 = 0 \Rightarrow \sin a = \pm\,0{,}5$, also $a_1 = \frac{\pi}{6}$, $a_2 = \frac{5\pi}{6}$, somit

$\int_{\frac{\pi}{6}}^{x} \sin 2t\,dt$ oder $\int_{\frac{5\pi}{6}}^{x} \sin 2t\,dt$ .

c) $\int (\sin x)^2\,dx = \int (1 - (\cos x)^2)\,dx = 0{,}5x - 0{,}25\sin 2x + C$ ;

$\int_{\frac{\pi}{3}}^{\pi} (\sin x)^2\,dx = \frac{1}{3}\pi + \frac{1}{8}\sqrt{3} \approx 1{,}2637$ .



13. a) $v(t) = \begin{cases} 2t + 1 & \text{für } t \in [0\,;10[ \\ 21 & \text{für } t \in [10\,;15] \\ 21 - 0{,}5(t-15)^2 & \text{für } t \in \,]15\,;15+\sqrt{42}\,] \end{cases}$ ;

**S. 210** b) die einzelnen Teile der Weg-Zeit-Funktion entstehen durch Bildung von Stanmfunktionen zu den Teilen von v(t) und sind durch die Randpunkte $R_1$, $R_2$, $R_3$ festgelegt:

$$s(t) = \begin{cases} t^2 + t & \text{für } t \in [0\,;10[\,,\ R_1(0\,;0) \\ 21t - 100 & \text{für } t \in [10\,;15],\ R_2(10\,;110) \\ -\frac{1}{2}t\left(\frac{1}{3}t^2 - 15t + 183\right) + 462{,}5 & \text{für } t \in \,]15\,;15+\sqrt{42}\,],\ R_3(15\,;215)\,; \end{cases}$$

c) s. Fig. 8.6 .

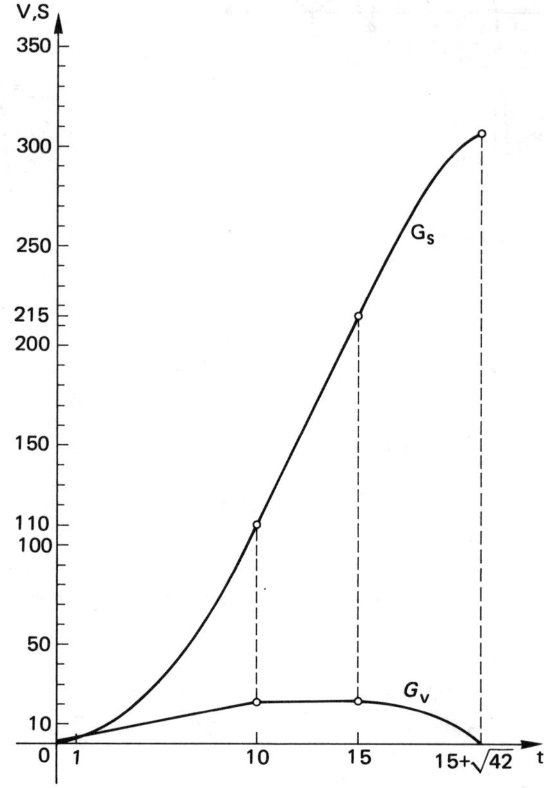


Fig. 8.6

**S. 210** 14. a) Mit $w = \frac{2\pi}{T}$ wird: $v(t) = \int a(t)\,dt + C = -\frac{k}{w}\cos(wt) + C$ ; aus $v(0) = 0$ folgt $C = \frac{k}{w}$,

also als spezielle Geschwindigkeits-Zeit-Funktion $v(t) = -\frac{k}{w}(\cos(wt) - 1)$ ; aus $v'(t) = 0$ ergeben sich $t_1 = 0$ ; $t_2 = 0{,}5\,T$ ; $t_3 = T$ ; Maximum bei $t_2$ ;

b) $s(t) = \int(-\frac{k}{w}\cos(wt) + C)\,dt + C_1 = -\frac{k}{w^2}\sin(wt) + Ct + C_1$ ; aus $s(T) = 0$ folgt $C_1 = -CT$, so daß sich als Weg-Zeit-Gesetz $s(t) = -\frac{k}{w^2}\sin(wt) + (t-T)\,C$ ergibt; falls noch $v(0) = 0$, also $C = \frac{k}{w}$, wie in a), so wird $s(t) = -\frac{kT^2}{4\pi^2}\sin(wt) + \frac{kT}{2\pi}(t-T)$ .

15. a) $\int_1^2 x\,dx = 1{,}5$ ; b) $\int_{-1}^0 -x\,dx + \int_0^2 x\,dx = 2{,}5$ ; c) $\int_{-2}^{-1} x\,dx = 1{,}5$ ;

d) $\int_{-3}^2 2dx + 0{,}5\left[\int_{-3}^0 -x\,dx + \int_0^2 x\,dx\right] = 13{,}25$ ;

e) $\int_{-1}^0 2\,dx + \int_0^2 (2+2x)\,dx = 10$ ; f) $2\int_0^2 (x^2 - x + 2)\,dx = \frac{28}{3}$ ;

g) $2\int_0^1 (3x^2 - 9x + 6)\,dx = 5$ ; h) $-\int_{-2}^1 (z^3-1)\,dz + \int_1^4 (z^3-1)\,dz = 67{,}5$ ;

i) $2\int_0^3 -(x^2 - 2x - 3)\,dx + 2\int_3^4 (x^2 - 2x - 3)\,dx = \frac{68}{3} \approx 22{,}67$ .

16. Druckfehler im Lehrbuch! Statt $\frac{1}{4}x^3 - 2$ muß es $\frac{1}{8}x^3 - 2$ heißen; $f(2) = -1$ ;

aus $2a - 0{,}25 = -1$ folgt $a = -\frac{3}{8}$, also muß $f(4) = -\frac{25}{16}$ werden;

$-(4-b)^2 = -\frac{25}{16} \Rightarrow b_1 = \frac{11}{4}$ und $b_2 = \frac{21}{4}$ ;

Integration über die Teilintervalle ergibt $-19{,}5 - 2{,}5 - 10{,}7917 = -32{,}7917$ für $b_1$ ;
in den Teilintervallen kann auch für beliebige a , b integriert werden.

17. a) $2 + \frac{\pi^3}{6}$ , Schnittpunkte von Parabel und Sinuskurve $S_1(0\,;0)$, $S_2(\pi\,;0)$ ;

b) 2 .



18. a) Einsetzen der Lösungselemente in die Gleichung ; s. Fig. 8.7 ;

b) $A = 2 - \frac{4}{9}\pi$ .

19. $A = \pi^2$ , s. Fig. 8.8 .

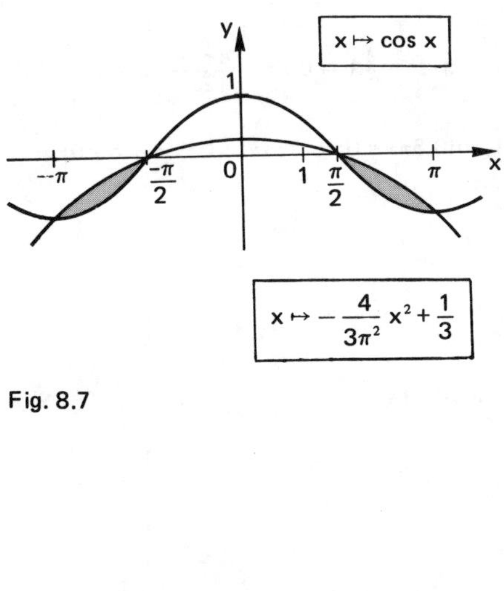


Fig. 8.7

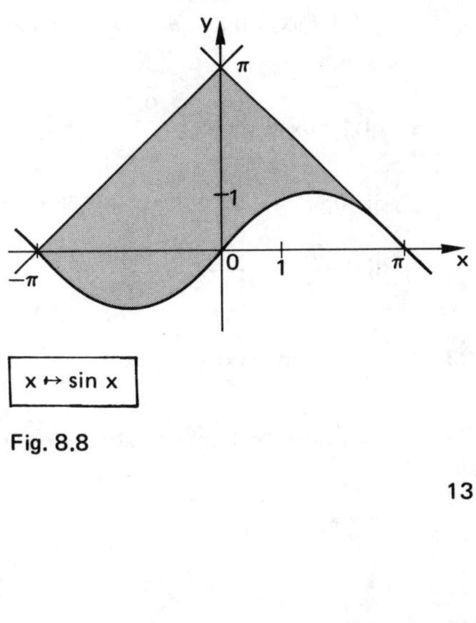


Fig. 8.8

**S. 211** 20. (1) Für $a, b \in \mathbb{R}^-$: $\int_a^b -x^2\,dx = \frac{1}{3}(-b^3 + a^3) = \frac{1}{3}(|b|^3 - |a|^3)$, da $a, b < 0$;

(2) für $a, b \in \mathbb{R}^+$: $\int_a^b x^2\,dx = \frac{1}{3}(b^3 - a^3) = \frac{1}{3}(|b|^3 - |a|^3)$;

(3) für $a \in \mathbb{R}_0^+$ und $b \in \mathbb{R}_0^+$: $\int_a^0 -x^2\,dx + \int_0^b x^2\,dx = \frac{1}{3}a^3 + \frac{1}{3}b^3 = \frac{1}{3}(|b|^3 - |a|^3)$, da $a \leqq 0$.

21. $f(1) = \frac{4}{7} \Rightarrow a + b + c = \frac{4}{7}$, $F'(5) = f(5) = 0 = \Rightarrow 25a + 5b + c = 0$,

$F(3) = 0 \Rightarrow 9a + 4{,}5b + 3c = 0$; $a = 0{,}5$; $b = -\frac{44}{14}$; $c = \frac{45}{14}$;

$f(t) = \frac{1}{14}(7t^2 - 44t + 45)$, $F(x) = \frac{1}{14}(\frac{7}{3}t^3 - 22t^2 + 45t)$.

22. a) $f(x) = \begin{cases} -1 & \text{für } x \in [-0{,}5\pi\,; 0] \\ -\cos x & \text{für } x \in\, ]0\,; 0{,}5\pi]\,; \end{cases}$

s. Fig. 8.9 .

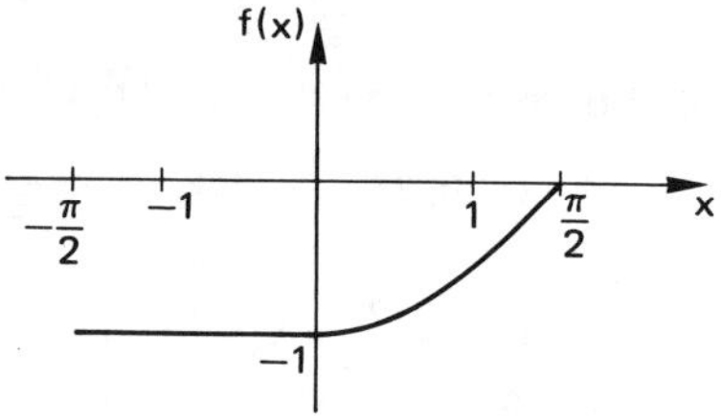


Fig. 8.9

b) 1. Ableitung existiert am Nullpunkt, $f'(0) = 0$;
2. Ableitung existiert am Nullpunkt nicht:

$$\lim_{h \to 0+0} \frac{f'(h) - f'(0)}{h} = \lim_{h \to 0+0} \frac{\sin h}{h} = 1, \text{ aber } \lim_{h \to 0-0} \frac{f'(h) - f'(0)}{h} = 0\,;$$

c) $0{,}5\pi + 1$;

d) $\int_{-0{,}5\pi}^{0{,}5\pi} (f(x) - ax - b)\,dx = 0$; $-0{,}5\pi - 1 - b\pi = 0$, also $b = -0{,}5 + \pi^{-1}$;

$g_a(x) = ax - 0{,}5 - \pi^{-1}$ (beliebiges a);

e) $q(x) = ax^2 + bx + c$, $\int_{-0{,}5\pi}^{0{,}5\pi} (f(x) - ax^2 - bx - c)\,dc = -1 - 0{,}5\pi - \frac{a\pi^2}{12} - c\pi = 0$,

$q(-0{,}5\pi) = -1$: $0{,}25a\pi^2 - 0{,}5b\pi + c = -1$; $q(0{,}5\pi) = 0$; $0{,}25a\pi^2 + 0{,}5b\pi + c = 0$;

$q(x) = \frac{6x^2}{\pi^3} + \frac{x}{\pi} - 0{,}5 - \frac{3}{2\pi}$.

23. Ableitung von $F(x) = x^4 - x^{-1} - \sqrt{x^2 + 1} - \cos(0{,}5\pi x)$ bilden.

24. a) Ableitung der Funktion auf der rechten Seite bilden;

b) zweimal die Integrationsregel von a) anwenden und schließlich das Grundintegral
$\frac{8}{15} \int_0^{0,5\pi} \sin x \, dx$ auswerten.



**9.1.**

1. c) s. Fig. 9.1;
2. a) s. Fig. 9.2;
3. s. Fig. 9.3;
4. a) s. Fig. 9.4;
   b) s. Fig. 9.5;

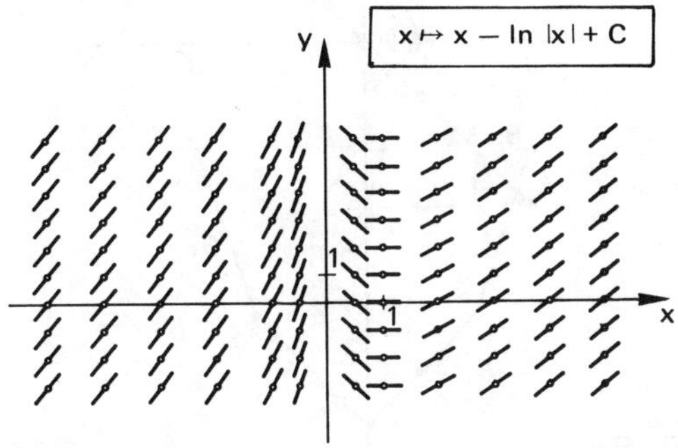


Fig. 9.1



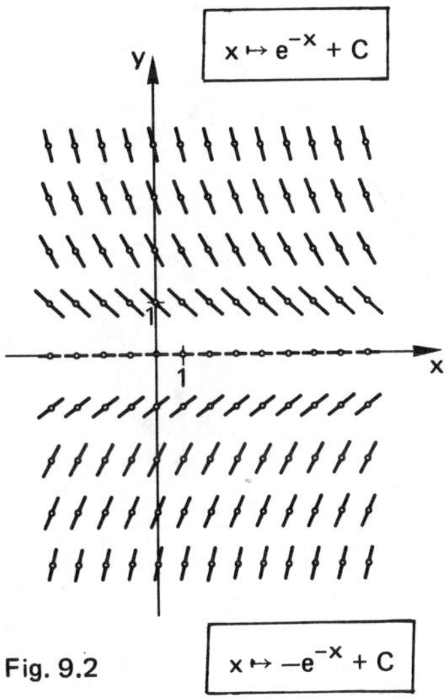


Fig. 9.2

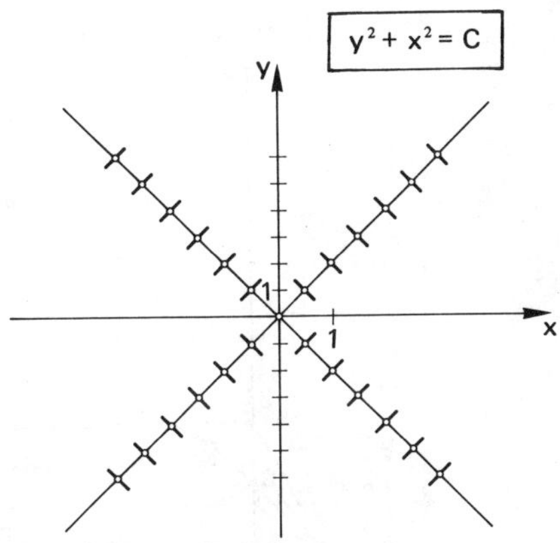


Fig. 9.3

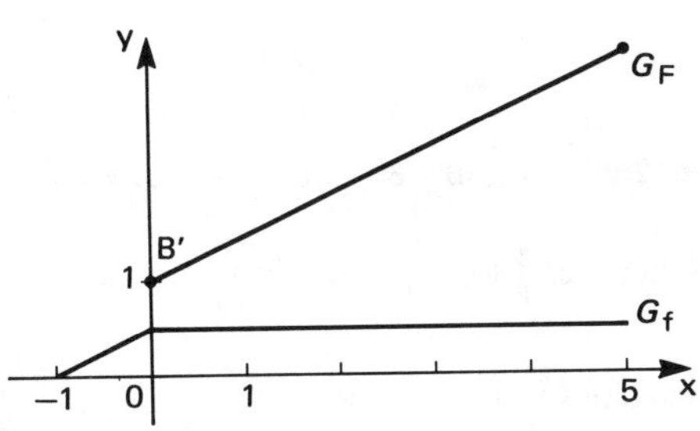


Fig. 9.4

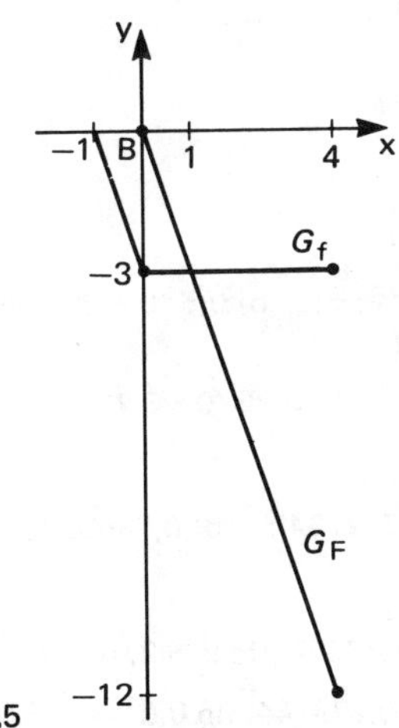


Fig. 9.5

S. 219 c) s. Fig. 9.6;
d) s. Fig. 9.7;
5. a) s. Fig. 9.8;

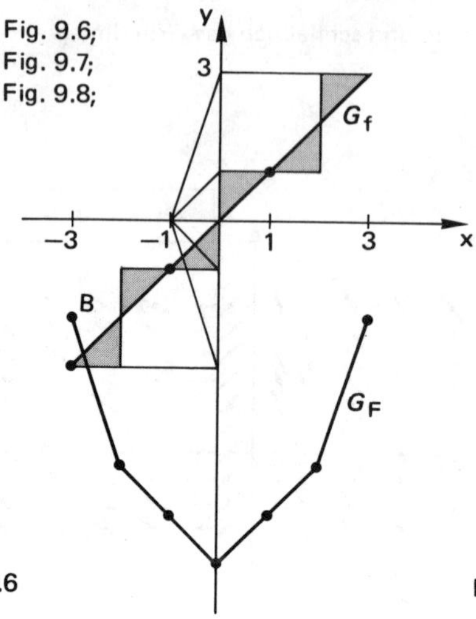


Fig. 9.6

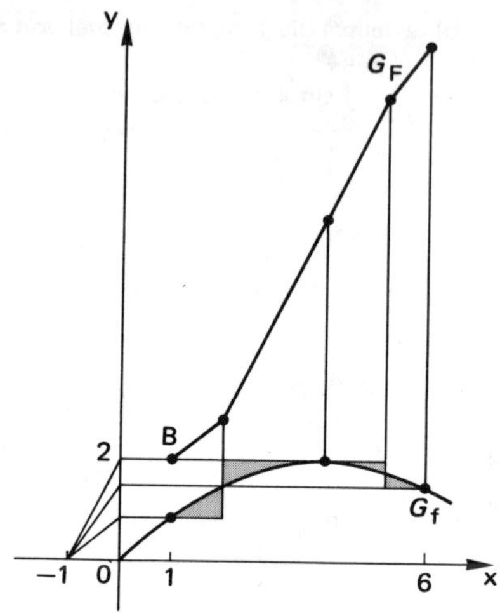


Fig. 9.7

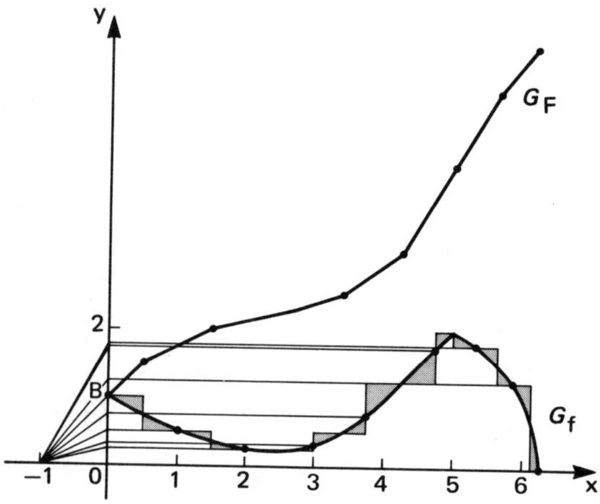


Fig. 9.8

**9.3.**

S. 223 1. a) $136\frac{8}{15}$; b) 0,5 (0 + 30 + 96 + 126 + 0) = 126 ; c) $\frac{1}{3}$ (0 + 60 + 96 + 252 + 0) = 136.

2. a) 4 ; b) 0,25 (0 + 3,75 + 6 + 5,25 + 0) = 3,75 ; c) $\frac{1}{6}$ (0 + 7,5 + 6 + 10,5 + 0) = 4 .

3. a) 0,782794 ; b) 0,785392 ; $\int_0^1 \frac{1}{1+x^2}\,dx = \left[\arctan x\right]_0^1 \approx 0{,}785398$ ;

4. a) 2,088067, (ln 8 ≈ 2,079442) ; b) 1,386805, (ln 4 ≈ 1,386294) ;
c) − 0,223144, (ln 0,8 ≈ −0,223144) .

5. a) $\frac{2(b-a)}{n}(y_1 + y_3 + y_5 + \ldots + y_{n-1}) \approx \int_a^b f(x)\,dx$ ; **S. 223**

b) Für $n = 4$ ergibt sich 156. Das ist nicht der Fall, wenn auf dem Graphen der Funktion in dem betrachteten Intervall ein Wendepunkt liegt.

c) Näherungswerte nach Sehnen-Trapezregel, Tangenten-Trapezregel und Simpsonregel seien S, T, R. Dann gilt $R = \frac{2}{3}S + \frac{1}{3}T$ .

## 10.1.

1. a) $f^{-1}: x \mapsto -\sqrt{2(x-1)}$ , $D_{f^{-1}} = [1;9]$; b) $f^{-1}: x \mapsto \sqrt[3]{-x}$ , $D_{f^{-1}} = \mathbb{R}$ ; **S. 226**

c) $f^{-1}: x \mapsto \frac{x}{x-2}$, $D_{f^{-1}} = \mathbb{R}\setminus\{2\}$ ;

d) Graph zu $G_{f^{-1}}$ ergibt sich aus Figur 10.2 (Lehrbuch);
$f^{-1}: x \mapsto 2n-x,\ x \in\ ]n-1\,;n],\ n \in \mathbb{Z}$; s, Fig. 10.1 .

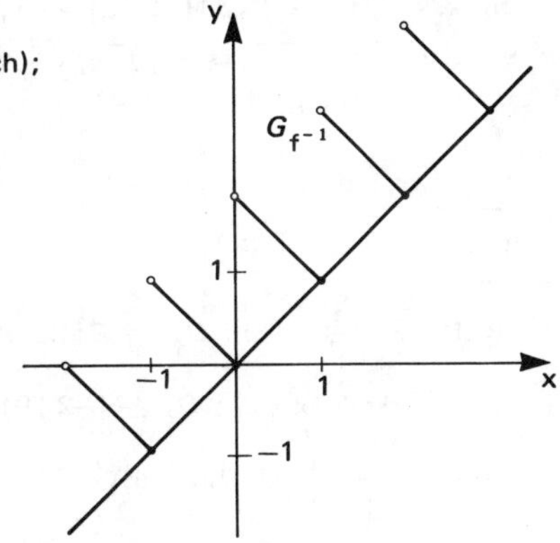


Fig. 10.1

2. Stetigkeit: Es sei $h > 0$. Dann gilt
$\lim_{h\to 0}(1 + 2(1-h) - 0{,}5(1-h)^2) = 2{,}5 = f(1)$ und
$\lim_{h\to 0}(0{,}5(1+h) + 2) = 2{,}5 = f(1)$ ;

Umkehrbarkeit folgt aus strenger Monotonie.

$$f^{-1}: x \mapsto \begin{cases} 2 - \sqrt{6-2x},\ x \in\ ]-\infty\,;2{,}5] \\ 2(x-2),\ \ x \in\ ]2{,}5\,;\infty[ \end{cases}$$ ; s. Fig. 10.2 .

3. a) f ist in $[-2\,;0[$ streng monoton abnehmend, in $]0\,;2]$ streng monoton zunehmend, $f(x_1) \neq f(x_2)$ für alle $x_1 \in [-2\,;0[,\ x_2 \in\ ]0\,;2]$; also ist f umkehrbar.

$$f^{-1}: x \mapsto \begin{cases} -2 + \sqrt{-2x}\ ,\ x \in\ ]-2\,;0] \\ \sqrt{x}\qquad\quad ,\ x \in\ ]0\,;4] \end{cases}$$ ; s. Fig. 10.3 ;

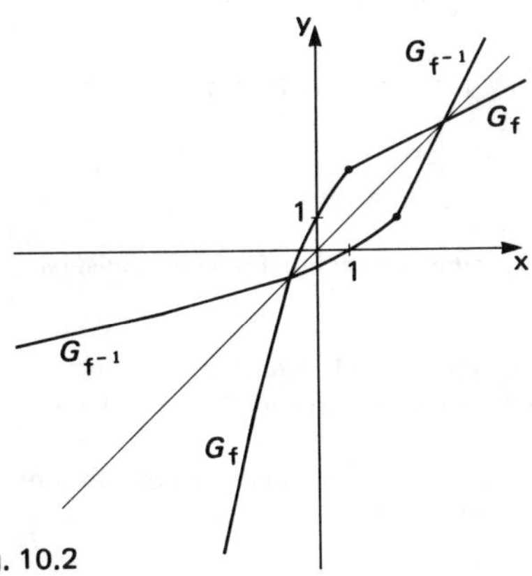


Fig. 10.2

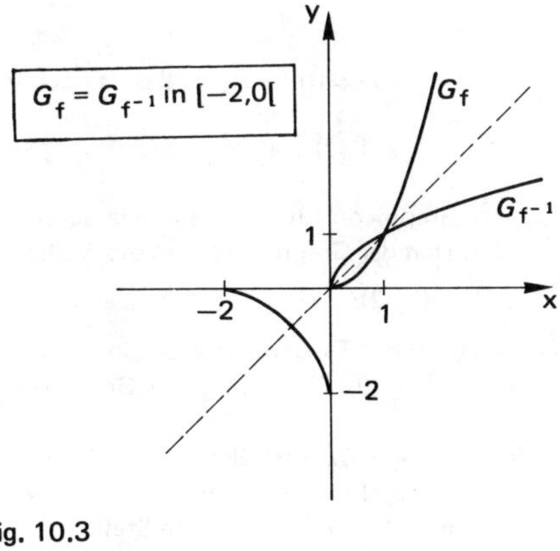


Fig. 10.3

**S. 266** b) f ist bei $x = 0$ nicht definiert, also auch nicht unstetig;
f' ist bei $x = 0$ definiert, es ist
$\lim_{h \to 0} (-2 + \sqrt{-2(0-h)}) \neq \lim_{h \to 0} \sqrt{0+h}$ für $h > 0$; d.h.
$f^{-1}$ unstetig bei $x = 0$.

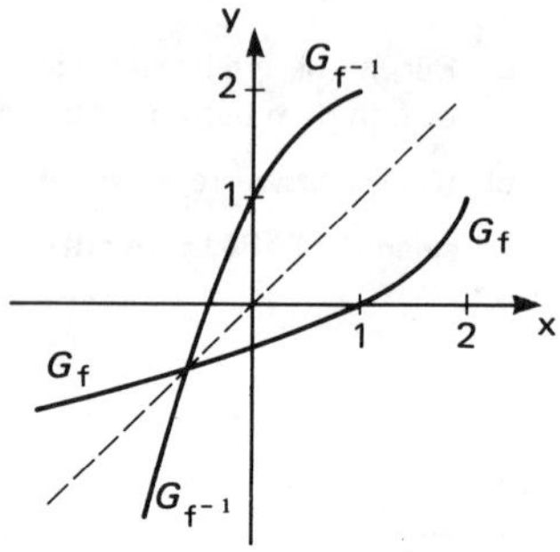


Fig. 10.4

4. a) f ist in $[-2\,;2]$ streng monoton zunehmend (s. 4b) und daher umkehrbar;
$f^{-1}: x \mapsto -x^2 + 2x + 1$, $D_{f^{-1}} = [-1\,;1]$;
Schnittpunkte in $D_f \cap D_{f^{-1}} = [-1\,;1]$
ergeben sich aus $-x^2 + 2x + 1 = x$ (Fixpunkte),
$S(-0{,}618\,;-0{,}618)$; s. Fig. 10.4;

b) $x_1 < x_2$ für $x_1, x_2 \in [-2\,;2] \Rightarrow -x_1 > -x_2 \Rightarrow 2-x_1 > 2-x_2 \geqq 0 \Rightarrow$
$\sqrt{2-x_1} > \sqrt{2-x_2} \Rightarrow -\sqrt{2-x_1} < -\sqrt{2-x_2} \Rightarrow 1 - \sqrt{2-x_1} < 1 - \sqrt{2-x_2} \Rightarrow$
$f(x_1) < f(x_2)$.

## 10.2.

**S. 229** 1. a) $f^{-1}(x) = \frac{1}{3}(x-5)$; $D_{f^{-1}} = \mathbb{R}$; $(f^{-1})'(x) = \frac{1}{3}$;

b) $f^{-1}(x) = 2(x+3)$; $D_{f^{-1}} = [-2\,;0]$; $(f^{-1})'(x) = 2$;

c) $f^{-1}(x) = \frac{1}{1+x}$; $D_{f^{-1}} = \mathbb{R}\setminus\{-1\}$; $(f^{-1})'(x) = -\frac{1}{(1+x)^2}$,
denn $(f^{-1})'(x) = 1 : \frac{-1}{[f^{-1}(x)]^2} = -[f^{-1}(x)]^2$;

d) $f^{-1}(x) = -1 + \sqrt{2(x+3)}$; $D_{f^{-1}} = [-3\,;5]$; $(f^{-1})'(x) = \frac{1}{\sqrt{2(x+3)}}$,
denn $(f^{-1})'(x) = \frac{1}{f^{-1}(x)+1} = \frac{1}{-1+\sqrt{2(x+3)}+1}$;

e) $f^{-1}(x) = 1 + \sqrt{x-3}$; $D_{f^{-1}} = ]3\,;7]$; $(f^{-1})'(x) = \frac{1}{2\sqrt{(x-3}}$.

2. $y' = x^3 - 6x^2 - 10x = x[(x-3)^2 + 1] > 0$ für $x \in \mathbb{R}^+$; $P(2\,;3)$, also $P'(3\,;2)$;
$(f^{-1})'(3) = \frac{1}{f'(2)} = \frac{1}{4}$.

3. Der Graph von f habe eine waagerechte Tangente in $P_0(x_0\,;y_0)$.
Dann hat der Graph von $f^{-1}$ an der Stelle $P_0'(y_0\,;x_0)$ eine senkrechte Tangente. Beispiel:
f: $x \mapsto (x-2)^3$, $D_f = \mathbb{R}$; $f^{-1}: x \mapsto 2 + \sqrt[3]{x}$, $D_{f^{-1}} = \mathbb{R}$.
Waagerechte Tangente des Graphen von f in $(2\,;0)$, senkrechte Tangente des Graphen von $f^{-1}$ in $(0\,;2)$. – Nein, der Graph von f müßte dann eine senkrechte Tangente haben.

4. f': $x \mapsto 3x^2 + 6x + 5$, also $f'(x) > 0$ für alle $x \in \mathbb{R}$. Nach dem Umkehrbarkeitskriterium ist also f umkehrbar. $G_f$ hat in $(-1\,;-4)$ eine flachste Stelle (Minimum von f'), $G_{f^{-1}}$ also in $(-4\,;-1)$ eine steilste Stelle.

5. a) $f': x \mapsto \frac{-x}{\sqrt{9-x^2}}$ ist für alle $x \in [0\,;3[$ negativ, d. h. $G_f$ ist streng monoton fallend, **S. 229**

also umkehrbar. $f^{-1}: x \mapsto \sqrt{9-x^2}$ ;

b) Der Graph ist ein Viertelkreis mit dem Radius $r = 3$ und dem Mittelpunkt $M(0\,;0)$; $G_f$ und $G_{f^{-1}}$ werden bei Spiegelung an der Geraden $y = x$ aufeinander abgebildet.

c) s. 5a);

d) für alle $x \in\, ]-3\,;3[$ .

**11.1.**

1. a) 2 ; b) –1 ; c) –3 ; d) $\frac{1}{3}$; e) –0,5 . **S. 237**

2. a) 2,1972 ; b) 4,4998 ; c) 5,8260 ; d) 6,0707 ; e) 6,4200 ; f) –2,3026 ; g) –4,6052 ; h) –0,5978 ; i) 1,7138 ; k) –1,5187 ; Näherungswerte!

3. a) 11,3396 ; b) –0,8804 ; c) 3,9746 ; d) 0,5493 ; e) –0,0932 ; f) –0,1352 ; Näherungswerte!

4. a) $0{,}5\,(\ln(x+2) + \ln(x-2))$;
b) $0{,}5\,(\ln(a+b) + \ln(a-b) + \ln(a^2+b^2))$ ;
c) $0{,}5\,(\ln(x+1) + \ln(x+2))$ .

5. a) $\ln 100 \approx 4{,}6052$ ; b) $\ln 10 \approx 2{,}3026$ ; c) $\ln 30 \approx 3{,}4012$ ;
d) $\ln 68 \approx 4{,}2195$ ; e) $\ln 21 \approx 3{,}0445$ ; f) $\ln 0{,}75 \approx -0{,}2877$ .

6. a) 22 ; b) 50 ; c) $x^2 = e^{12,0028}$ ; $x \approx 404$
d) $\sqrt{x} = e^{2,1910}$ ; $x \approx 80$

7. a) $\ln 5$ ; b) $0{,}5 \ln 10$ ; c) $x + \ln 5 = \ln 10$ ; $x = \ln 2$ ;
d) $x^2 = \ln 483$ ; $x_{1/2} \approx \pm 2{,}486$ .

8. a) $x = \frac{\ln 258}{\ln 148} \approx 1{,}11$ ; b) $x = \frac{\ln 821}{\ln 404} \approx 1{,}12$ ; c) $x = \frac{\ln 4}{\ln 1{,}2} \approx 7{,}60$ ; **S. 238**

d) $x = \frac{-\ln 3}{-\ln 4} \approx 0{,}79$ .

9. $$\lim_{v\to\infty}\left(1-\frac{1}{v}\right)^v = \lim_{v\to\infty}\left[\left(1-\frac{1}{v}\right)^{-v}\right]^{-1} = \lim_{v\to\infty}\left[\left(\frac{v-1}{v}\right)^{-v}\right]^{-1} =$$

$$= \lim_{t\to\infty}\left[\left(\frac{t}{1+t}\right)^{-1-t}\right]^{-1} \text{ (mit } t = v-1) =$$

$$= \lim_{t\to\infty}\left[\left(\frac{1+t}{t}\right)^{1+t}\right]^{-1} = \lim_{t\to\infty}\left[\left(1+\frac{1}{t}\right)\left(1+\frac{1}{t}\right)^t\right]^{-1} = e^{-1} .$$

**S. 238** $\lim_{v\to\infty}(1+\frac{k}{v})^v = \lim_{v\to\infty}\left[(1+\frac{1}{\frac{v}{k}})^{\frac{v}{k}}\right]^k = \lim_{t\to\infty}[(1+\frac{1}{t})^t]^k$ (mit $t = \frac{v}{k}$) $= e^k$.

## 11.1.2.

**S. 239** 1. a) $P(1\,;0)$ ; $f'(1) = 1$ ; $\tau = 45°$ ;

b) $Q(2\,;0{,}6931)$ ; $f'(2) = 0{,}5$ ; $\tau \approx 26{,}6°$;

c) $R(5\,;1{,}6094)$ ; $f'(5) = 0{,}2$ ; $\tau \approx 11{,}3°$;

d) $S(1{,}1547\,;0{,}1438)$ ; $f'(1{,}1547) \approx 0{,}8660$ ; $\tau \approx 40{,}9°$.

2. a) $\frac{1}{x} = \tan 7°24' \Rightarrow x \approx 7{,}6996$ ; $y \approx 2{,}0412$ ;

b) $(1{,}3481\,;0{,}2987)$ ; c) $(0{,}7500\,;-0{,}2877)$ ; d) $(0{,}5001\,;-0{,}6929)$ .

3. Der gesuchte Punkt sei $P_1(x_1\,;y_1)$. Die Tangentengleichung muß die Form $y = mx$ haben; wegen $(\ln x)' = \frac{1}{x}$ ist $m = \frac{1}{x}$ also $y_1 = 1$ ; $x_1$ berechnet sich aus $1 = \ln x_1$, also $x_1 = e$ ; $P_1(e\,;1)$. Die Tangente in $P_1$ hat einen Steigungswinkel von 20,2°.

4. a) $[\ln|x|]_1^5 = \ln 5 - \ln 1 \approx 1{,}6094$ ; b) 0,9163 ; c) $-2{,}0794$ ;

d) $[\ln x]_{-1}^{-3} = \ln 3 - \ln 1 \approx 1{,}0986$ ; geometrische Deutung als Flächen unter dem Graphen der Funktion $f\colon x \to \frac{1}{x}$ für $x \in \mathbb{R}^+$ bzw. $x \in \mathbb{R}^-$.

5. $D_f = \mathbb{R}\setminus\{0\}$ ; $D_\varphi = \mathbb{R}^+$; $D_\psi = \mathbb{R}\setminus\{0\}$.

6. $\int_{ka}^{kb}\frac{dx}{x} = \ln kb - \ln ka = \ln k + \ln b - \ln k - \ln a = \ln b - \ln a$;

$\int_{\frac{a}{k}}^{\frac{b}{k}}\frac{dx}{x} = \ln\frac{b}{k} - \ln\frac{a}{k} = \ln b - \ln a$ .

## 11.1.3.

**S. 241** 1. a) $\ln 29 : \ln 2 \approx 4{,}8580$ ; b) 7,0334 ; c) 9,6275 ; d) 8,3129 ; e) 10,8218 ; Näherungswerte.

1.° a) 3,0650 b) 3,0291 c) 2,8982 d) $-0{,}4976$ e) 10,8218 f) 1,6515 (ab 3. Aufl.)

2. a) $x \ln 2 = \ln 10$, $L = \{3{,}3219\}$; b) $L = \{3{,}7944\}$; c) $L = \{0{,}5283\}$;
d) $L = \{64{,}09\}$ e) $L = \{2{,}9995\,;-2{,}9995\}$; Näherungswerte.

3. $f(x) = \lg x \Rightarrow f'(x) = \frac{1}{x \ln 10}$ ; a) $P(1\,;0)$ ; 23,48°; b) $Q(2\,;3{,}0103)$ ; 12,25°;

c) R(0,1 ; −1) ; 77,03° ; d) S(100 ; 2) ; 0,25°. **S. 241**

4. $\frac{1}{x \ln 10} = 1 \Rightarrow (0{,}4343 ; -0{,}3622)$. **S. 242**

5. a) $\mathrm{ld}\, x = \frac{1}{\lg 2} \lg x \approx 3{,}3219 \lg x$ ; b) $\ln x = \frac{1}{\mathrm{ld}\, e} \mathrm{ld}\, x = \frac{\ln 2}{\ln e} \mathrm{ld}\, x \approx 0{,}6931\, \mathrm{ld}\, x$ .

6. $f(x) = \mathrm{ld}\, x$ ; $f'(x) = \frac{1}{x \ln 2}$ ; $f'(1) \approx 1{,}4427$ ; $\alpha = 55{,}27°$.

7. Sei $f(x) = \log_a x$ und $g(x) = \log_{\frac{1}{a}} x$. Dann folgt $a^{f(x)} = x$ und $(\frac{1}{a})^{g(x)} = x$, also $a^{f(x)} a^{g(x)} = 1$, d. h. $f(x) + g(x) = 0$, da $a \neq 1$ ; für den gleichen x-Wert unterscheiden sich die Funktionswerte nur durch das Vorzeichen. Also sind $G_f$ und $G_g$ symmetrisch zur x-Achse.

## 11.1.4.

1. Produktregel: $f'(x) = (x + 2) + (x + 1)$ ; **S. 243**
   logarithmisch: $\ln f(x) = \ln (x + 1) + \ln (x + 2)$ ;
   $(\ln f(x))' = \frac{1}{(x+1)} + \frac{1}{(x+2)} = \frac{f'(x)}{f(x)}$ ; für f(x) einsetzen und nach f'(x) auflösen; $f'(3) = 9$.

2. $\ln f(x) = \ln (x + 1) - \ln (x + 2)$; $(\ln f(x))' = \frac{f'(x)}{f(x)} = \frac{1}{(x+1)} - \frac{1}{(x+2)}$ ; $f'(x) = \frac{1}{(x+2)^2}$ .

3. a) ln 3; b) $2 \ln \frac{9}{7}$ ; c) Der Integrand ist in $1{,}5 \in [0 ; 2]$ nicht definiert!

4. a) ln 21 ; b) 4ln 3 ; c) 0,5ln 3.

5. a) $D_f = ]-1 ; \infty[$ ; $f'(x) = (1 + x)^{-1}$ ; b) $D_f = ]-\infty ; a[$ ; $f'(x) = -(a-x)^{-1}$

   c) $D_f = ]-\infty ; 0[$ ; $f'(x) = x^{-1}$ ;

   d) $3 + 2x > 0 \Rightarrow D_f = ]-1{,}5 ; \infty[$ ; $f'(x) = 2\,(3 + 2x)^{-1}$ ;

   e) $D_f = ]-\infty ; \frac{a}{b}[$ ; $f'(x) = -b(a-bx)^{-1}$ ; f) $D_f = \mathbb{R}$; $f'(x) = 2x\,(a^2 + x^2)^{-1}$ ;

   g) $x^2 - 5x + 4 = (x-1)(x-4) > 0$ ; $D_f = \mathbb{R} \setminus [1 ; 4]$ ; $f'(x) = (2x-5)(x^2-5x+4)^{-1}$ ;

   h) $D_f = \mathbb{R}^+$; $f'(x) = -x^{-1}$ ; i) $D_f = ]-b ; \infty[$ ; $f'(x) = -(b + x)^{-1}$ ;

   k) $D_f = ]-1 ; \infty[$ ; $f'(x) = 0{,}5\,(1 + x)^{-1}$ ; l) $D_f = ]-a ; a[$ ; $f'(x) = -x(a^2 - x^2)^{-1}$ ;

   m) $D_f = \begin{cases} \mathbb{R} \setminus [a ; b] & \text{für } a < b \\ \mathbb{R} \setminus [b ; a] & \text{für } a > b \\ \mathbb{R} \setminus \{a\} & \text{für } a = b \end{cases}$ . $f'(x) = \frac{a-b}{2(a-x)(b-x)}$ ;

   n) $D_f = \mathbb{R}$ ; $f'(x) = (1 + x^2)^{-0{,}5}$ ; o) $D_f = \mathbb{R}$ ; $f'(x) = -2\,(1 + x^2)^{-0{,}5}$ ;

**S. 243** p) $D_f = ]1\,;\infty[\,;\; f'(x) = (x \ln x)^{-1}$.

6. a) $f': x \mapsto \cot x$; b) $f': x \mapsto -\tan x$; c) $f': x \mapsto (\sin x \cos x)^{-1}$;
d) $f': x \mapsto -2 \tan 2x$; e) $f': x \mapsto \cot 2x$; f) $f': x \mapsto (-\sin x \cos x)^{-1}$.

| 7. | a) | b) | c) | d) | e) | f) |
|---|---|---|---|---|---|---|
| $D_f$ | $\mathbb{R}^+$ | $\mathbb{R}^+$ | $\mathbb{R}^+$ | $\mathbb{R}^+$ | $[1\,;\infty[$ | $\mathbb{R}^+$ |
| $D_{f'}$ | $\mathbb{R}^+$ | $\mathbb{R}^+$ | $\mathbb{R}^+$ | $\mathbb{R}^+$ | $]1\,;\infty[$ | $\mathbb{R}^+$ |
| f' | $1+\ln x$ | $x^2(1+3\ln x)$ | $\frac{1}{\sqrt{x}}(1+\ln\sqrt{x})$ | $\frac{2}{x}\ln x$ | $\frac{1}{2x\sqrt{\ln x}}$ | $\frac{1}{x}\sin x + \cos x \ln x$ |

8. a) $D_{f(x)} = \mathbb{R}^+$; $f'(x) = -x^{-1}$ für $x \in ]0\,;1[$ und $f'(x) = x^{-1}$ für $x \in ]1\,;\infty[$; $f'(1)$ nicht definiert; $G_f$ s. Fig. 11.1;

b) $D_{f(x)} = \mathbb{R}\setminus\{0\}$; $f'(x) = x^{-1}$; $D_{f'(x)} = \mathbb{R}\setminus\{0\}$; Fig. 11.2;

c) $D_{f(x)} = D_{f'(x)} = \mathbb{R}\setminus\{-1\}$; $f'(x) = (x+1)^{-1}$; Fig. 11.3;

d) $D_{f(x)} = D_{f'(x)} = \mathbb{R}\setminus\{0{,}5\}$; $f'(x) = 2\,(2x-1)^{-1}$; Fig. 11.4;

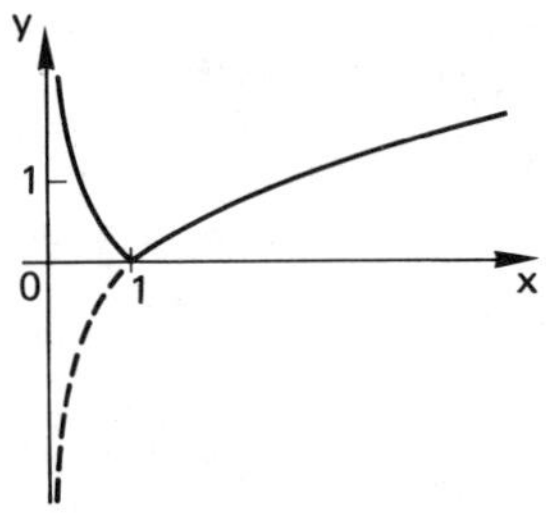

Fig. 11.1

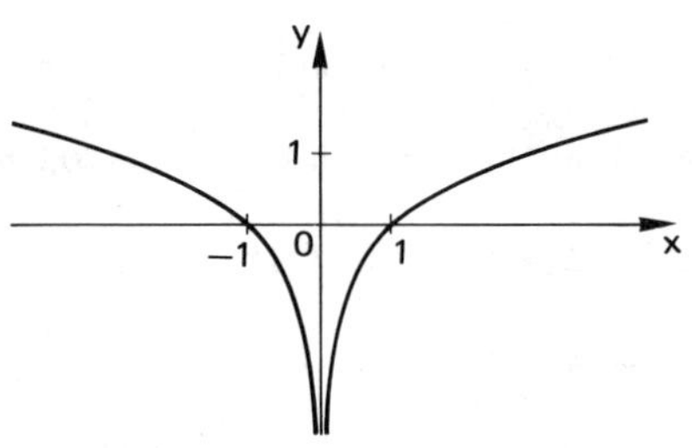

Fig. 11.2

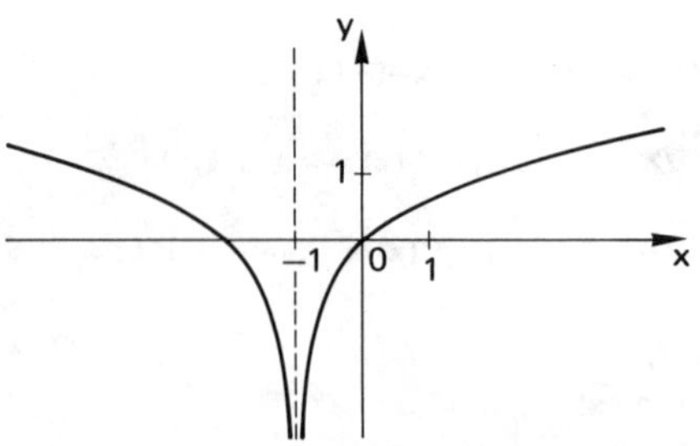

Fig. 11.3

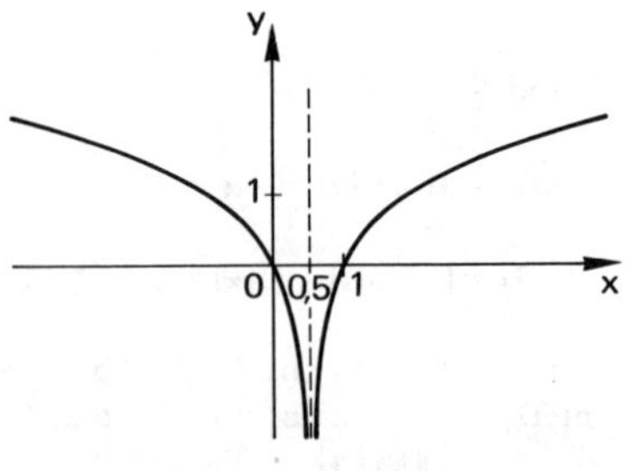

Fig. 11.4

e) $D_{f(x)} = D_{f'(x)} = \mathbb{R} \setminus \{2\,;\,-2\}$; $f'(x) = 2x\,(x^2-4)^{-1}$; Fig. 11.5 ; 

f) $D_{f(x)} = D_{f'(x)} = \mathbb{R}^+ \setminus \{1\}$; $f'(x) = (x \ln x)^{-1}$; Fig. 11.6.

9. a) $P(2\,;\,\ln 8)$ ; $f'(x) = 2x\,(x^2+4)^{-1}$ ; 26,57°; Fig. 11.7 ;

b) $P(-2\,;\,\ln 2)$; $f'(x) = (x+4)^{-1}$ ; 26,57°; Fig. 11.8 ;

c) $P(4\,;\,4)$; $f'(x) = (2x-3)x^{-1}(x-3)^{-1}$ ; 51,34°; Fig. 11.9 ;

d) $P(-4\,;\,7)$; $f'(x) = 2x(x^2-9)^{-1}$ ; 131,19°; Fig. 11.10.

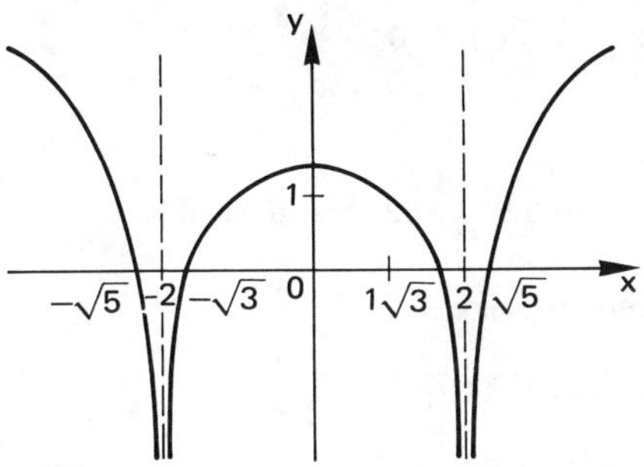


Fig. 11.5

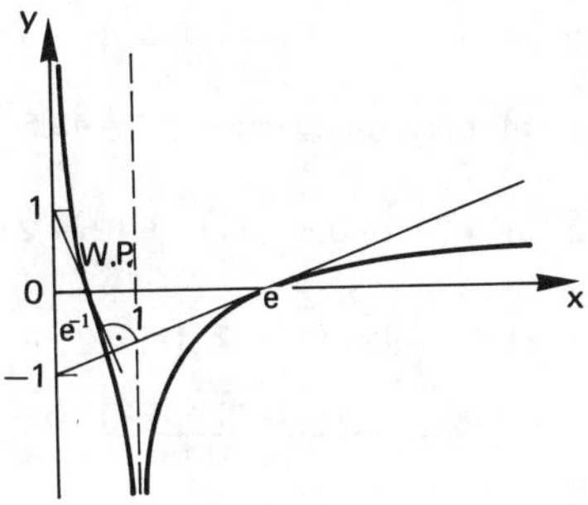


Fig. 11.6

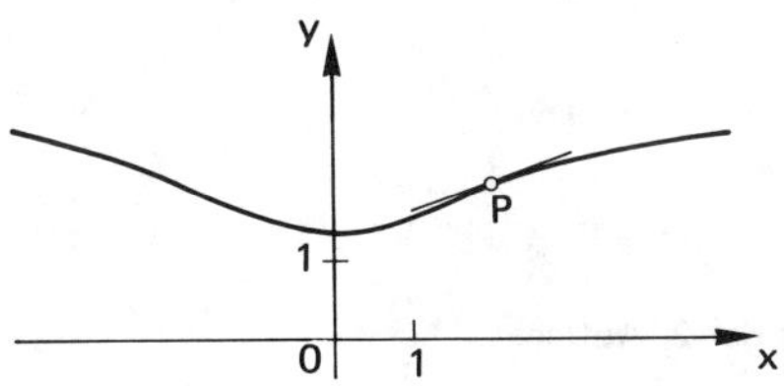


Fig. 11.7

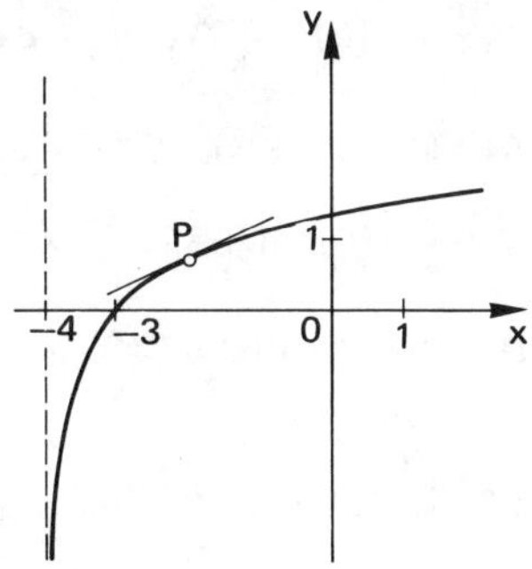


Fig. 11.8

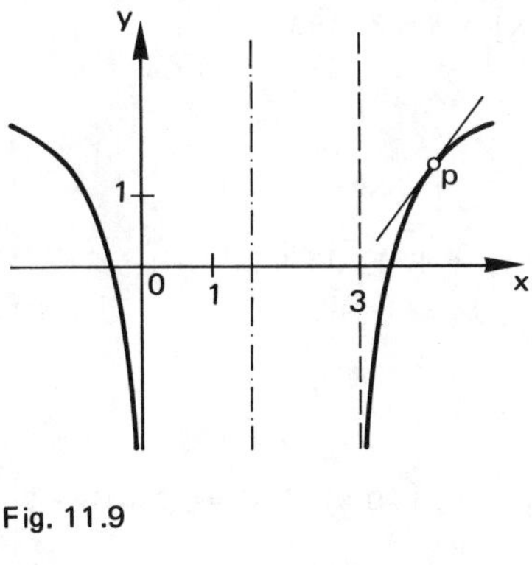


Fig. 11.9

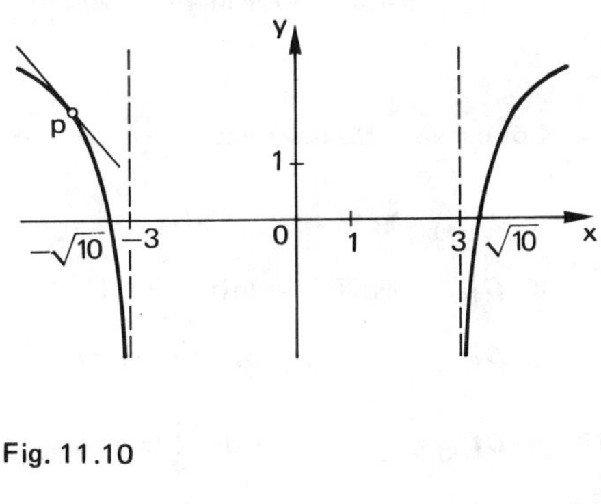


Fig. 11.10

**S. 244** 10. a) $(\ln x)' = \frac{1}{3}$; P(3 ; ln 3);  b) $\frac{1}{(\ln (ax+b)^2)'} = \frac{2b}{a}$; $P(\frac{3b}{a}; \ln 16b^2)$;

c) $2x + \frac{1}{x} = 3$; $P_1(1;1)$; $P_2(0{,}5; 0{,}25 - \ln 2)$;

d) $\tan 63°26' = \ln x + 1$; P(e ; e).

11. P(e ; 1), $f'(e) = e^{-1}$, Tangentengleichung t: $x \to e^{-1}x$, also T(0 ; 0); Normalengleichung

n: $x \mapsto -ex + (e^2+1)$, also $N(e + \frac{1}{e}; 0)$; $|\overline{PT}| = \sqrt{e^2+1} \approx 2{,}896$; $|\overline{PN}| = \sqrt{\frac{1}{e^2}+1} \approx 1{,}066$.

12. a) $\ln(x+3) = \ln(7-x) \Rightarrow S(2; \ln 5)$; $f'(2) = 0{,}2$ und $g'(2) = -0{,}2 \Rightarrow \delta = 22{,}62°$;

b) Lösungsweg wie a) ; $\delta = 43{,}6°$.

13. a) 1 ; b) 0,5 ; c) 0,5 (über 2. Ableitungen); d) 0,5 (über 2. Ableitungen).

14. a) $0{,}5 \ln(x-1)(x-2)(x-3) = \ln f(x)$; beide Seiten abgeleitet:

$$\frac{0{,}5\,[(x-1)(x-2) + (x-1)(x-3) + (x-2)(x-3)]}{(x-1)(x-2)(x-3)} = \frac{f'(x)}{f(x)};\quad f'(4) = \frac{11}{12}\sqrt{6};$$

b) $f'(5) = \frac{13}{432}\sqrt{3}$; c) $f'(1) = -\frac{5}{6}\sqrt{3}$; d) $f'(0{,}25\pi) = -1$.

15. a) $D_f = \mathbb{R} \setminus \{0\}$; $\int \frac{1-x}{x}dx = \int \frac{1}{x}dx - \int dx = \ln|x| - x + C$; $F(x) = \ln|x| - x$;

b) $D_f = \mathbb{R} \setminus \{0\}$; $F(x) = 0{,}5x^2 - 3x + \ln|x|$;

c) $D_f = \mathbb{R} \setminus \{0\}$; $f(x) = 2a^{-1}\sqrt{x} + \ln|x|$;

d) $D_f = ]0; \infty[$; $F(x) = \frac{-2a}{\sqrt{x}} + \ln|x|$. (Entfällt ab der 2. Auflage)

16. a) $[\ln x]_e^{2e} = \ln 2 \approx 0{,}6931$;  b) $[-x^{-1} + \ln x]_1^4 = 0{,}75 + \ln 4 \approx 2{,}1363$;

c) $[2\sqrt{x} + \ln x]_1^4 = 2 + \ln 4 \approx 3{,}3863$;  d) $[e \ln x]_1^e = e \approx 2{,}7183$.

17. Lösungsweg: Man benutze $\int \frac{f'(x)}{f(x)}dx = \ln|f(x)| + C$;

a) $D_{f(x)} = \mathbb{R} \setminus \{-0{,}75\}$; $F(x) = \ln|4x+3|$;  b) $D_{f(x)} = \mathbb{R}$; $F(x) = \ln(x^2+1)$;

c) $D_{f(x)} = \mathbb{R}$; $F(x) = \ln(x^2+x+1)$;

d) $D_{f(x)} = ]0; \pi[$; $\int \cos x\,(\sin x)^{-1}dx \Rightarrow F(x) = \ln|\sin x|$.

18. a) $D_{f(x)} = \mathbb{R} \setminus \{1\}$; $F(x) = \frac{1}{3}\ln|x^3-1|$;  b) $D_{f(x)} = \mathbb{R} \setminus \{-0{,}4\}$; $F(x) = 0{,}2\ln|5x+2|$;

c) $D_{f(x)} = \mathbb{R}$; $F(x) = 0{,}5\ \ln(3x^2 - 2x + 4)$ ; S. 244

d) $D_{f(x)} = ]-0{,}5\pi\ ; 0{,}5\pi[$ ; $F(x) = -\ln|\cos x|$ .

19. a) $D_{f(x)} = \mathbb{R} \setminus \{1{,}75\}$; $\left[0{,}25\ \ln|4x-7|\right]_2^4 = 0{,}25\ \ln 9 \approx 0{,}5493$ ;

b) $D_{f(x)} = \mathbb{R} \setminus \{+1\ ; -1\}$; $\left[0{,}5\ \ln|x^2-1|\right]_{\sqrt{2}}^3 = 0{,}5\ \ln 8 \approx 1{,}0397$ ;

c) $D_{f(x)} = \mathbb{R} \setminus \{-1\}$; $\left[\frac{1}{3}\ln|x^3+1|\right]_2^5 = \frac{1}{3}\ln 14 \approx 0{,}8797$ ;

d) $D_{f(x)} = ]0\ ; \pi[$ ; $\left[\ln|\sin x|\right]_{\frac{\pi}{6}}^{\frac{5}{6}\pi} = \ln 0{,}5 - \ln 0{,}5 = 0$ ;

e) $D_{f(x)} = ]-0{,}5\pi\ ; 0{,}5\pi[$ ; $\left[-\ln|\cos x|\right]_0^{\frac{\pi}{3}} = \ln 0{,}5 \approx -0{,}6931$ ;

f) $D_{f(x)} = \mathbb{R} \setminus \left(\{\frac{2}{3}\pi + 2k\pi\} \cup \{\frac{4}{3}\pi + 2k\pi\}\right)$, $k \in \mathbb{N}_0$; $\left[-0{,}5\ \ln|1 + 2\cos x|\right]_0^{\frac{\pi}{2}} =$

$= 0{,}5\ \ln 3 \approx 0{,}5493$ .

## 11.2.2.

1. a) 1,0513 ; b) 2,4351 ; c) 22,1980 ; d) 1,0356 ; e) 1,7878 ; S. 246

f) 1,6938 ; g) 0,6637 ; h) 0,0067 ; i) 0,3922 ; k) 1,3956 ;

l) 2 ; m) $e^{0{,}3 \ln 4} \approx 1{,}5157$ ; n) $e^{0{,}1 \ln 6} \approx 1{,}1962$ ;

o) $e^{0{,}2 \ln 21} \approx 1{,}8384$ p) $e^{\ln 2 \ln 3} \approx 1{,}6168$ .

2. a) $D = \mathbb{R}^+$, $L = \{e^3\}$, $e^3 \approx 20{,}0855$ ; b) $D = \mathbb{R}^+$, $L = \{e^e\}$, $e^e \approx 15{,}1543$ ;

c) $D = \mathbb{R}^+$, $L = \{0{,}6376\}$ d) $D = \mathbb{R}^+$, $L = \{e^{\frac{1}{\pi}}\}$, $e^{\frac{1}{\pi}} \approx 1{,}3748$ ;

e) $D = \mathbb{R}_0^+$, $L = \{e^{-e}\}$, $e^{-e} \approx 0{,}0660$ ; f) $D = \mathbb{R}_0^+$, $L = \{e^{\frac{1}{e}}\}$, $e^{\frac{1}{e}} \approx 1{,}4447$ ;

g) $D = \mathbb{R}$, $L = \{\ln 3\}$, $\ln 3 \approx 1{,}0986$ ;

h) $D = \mathbb{R}$, $L = \{x | \ln \frac{2}{3} < x < \ln 2\}$, $\ln \frac{2}{3} \approx -0{,}4055$, $\ln 2 \approx 0{,}6931$ ;

i) $D = \mathbb{R}$, $L = \{+1\ ; -1\}$;

k) $D = \mathbb{R}$, (1) $e^{-x} + 1 > 0 \wedge (x-1) > 0 \Rightarrow L_{(1)} = \{x | x > 1\}$ oder

(2) $e^{-x} + 1 < 0 \wedge (x-1) < 0 \Rightarrow L_{(2)} = \emptyset$ , also $L = \{x | x > 1\}$;

S. 246 l) $D = \mathbb{R}$, (1) $e^x + 2 > 0 \wedge e^{-x} - 2 > 0 \Rightarrow L_{(1)} = \{x | x < -\ln 2\}$ oder

(2) $e^x + 2 < 0 \wedge e^{-x} - 2 < 0 \Rightarrow L_{(2)} = \emptyset$, also $L = \{x | x < -\ln 2\}$;

m) $D = \{x | x \leqq 5 \wedge x \neq 2 \wedge x \in \mathbb{R}\}$;

(1) $e^{-3x} + \sqrt{5-x} > 0 \wedge (x-2) > 0 \Rightarrow L_{(1)} = ]2\,;5]$ oder

(2) $e^{-3x} + \sqrt{5-x} < 0 \wedge (x-2) < 0 \Rightarrow L_{(2)} = \emptyset$, also $L = ]2\,;5]$.

3. S. Fig. 11.11 (3.b) und 11.12 (3.e);

a) $f'(x) = e^x$; b) $f'(x) = -e^x$; c) $f'(x) = e^{x+2}$; d) $f'(x) = 2e^x$; e) $f')x) = 2e^{x-2}$

4. S. Fig. 11.13 (4.d) und 11.14 (4.e);

a) $f'(x) = -e^{-x}$; b) $f'(x) = -e^{-x+2}$; c) $f'(x) = 4e^{-2x}$;

d) $f'(x) = \frac{x}{|x|} e^{|x|}, x \neq 0$; e) $f'(x) = \frac{e^x - 1}{|e^x - 1|} e^x, x \neq 0$;

Sprunghafte Richtungsänderung der Tangente bei d) und e) an der Stelle $x = 0$ um jeweils 90°.

Hinweis: Die Ableitung von $y = |f(x)| = \sqrt{[f(x)]^2}$ ist:

$$y' = \frac{1}{2\sqrt{[f(x)]^2}} 2f(x)f'(x) = \frac{f(x)}{|f(x)|} f'(x)\,;\; f(x) \neq 0\,.$$

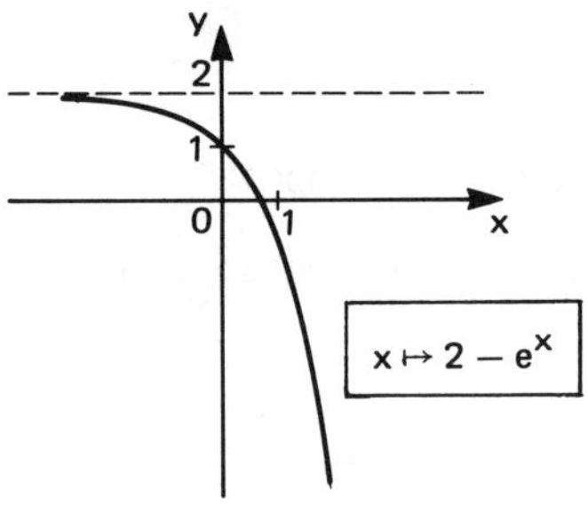


Fig. 11.11

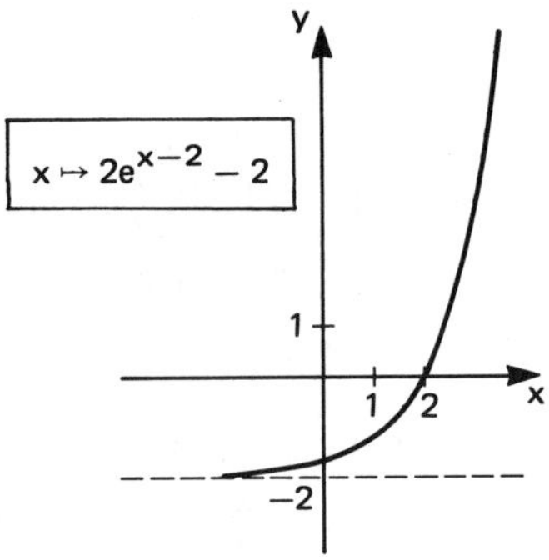


Fig. 11.12

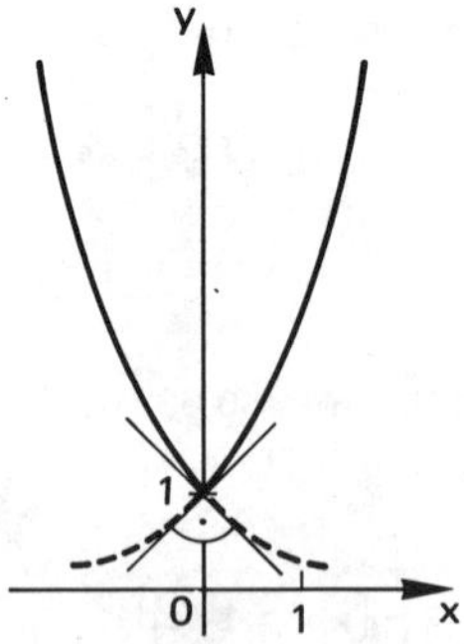


Fig. 11.13

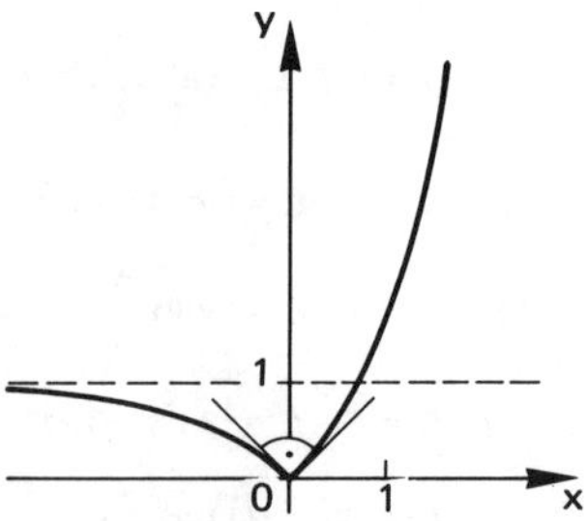


Fig. 11.14

5. $D_{f(x)} = \mathbb{R}$, wenn nicht anders angegeben (bei d) und k)); Ableitungen: **S. 246**

a) $3e^{3x+4}$; b) $2(e^x)^2$; c) $2xe^{x^2}$; d) $\frac{e^{\sqrt{x}}}{2\sqrt{x}}$; $D_{f(x)} = \mathbb{R}_0^+$;

e) $\frac{\sqrt{e^x}}{2}$; f) $(1 + x)e^x$; g) $(2-x)e^{-x}$; h) $(3x^2 + x^3 \cos x)\, e^{\sin x}$;

i) $(\sin 2x + 2 \cos 2x)e^x$; k) $D_{f(x)} = \mathbb{R} \setminus \{0\}$; $\frac{(x-1)e^x}{x^2}$.

6. a) $\dot{s}(t) = ae^{at}$, $\ddot{s}(t) = a^2 e^{at}$;

b) $\dot{s}(t) = e^{at}(a \cos bt - b \sin bt)$; $\ddot{s}(t) = e^{at}(a^2 \cos bt - 2ab \sin bt - b^2 \cos bt)$.

7. a) $f^{(n)}(x) = a^n e^{ax}$; b) $f^{(n)}(x) = (n + x)\, e^x$; Beweise durch vollständige Induktion.

8. a) $P(2\,;\, e^{-2})$, $f'(x) = -e^{-x}$, $f'(2) = \tan\alpha \approx -0{,}1353$; $\alpha \approx 172{,}3°$;

b) $P(0\,;\, e^2)$, $f'(x) = -e^{-x+2}$, $f'(0) = \tan\alpha \approx -7{,}3891$; $\alpha \approx 97{,}7°$;

c) $P(1\,;\, e)$, $f'(x) = 2xe^{x^2}$, $f'(1) = \tan\alpha \approx 5{,}4366$; $\alpha \approx 79{,}6°$;

d) $P(-1\,;\, e^{-2})$, $f'(x) = \frac{-2x}{|x|} e^{-|2x|}$, $f'(-1) = \tan\alpha \approx 0{,}2707$; $\alpha \approx 15{,}2°$.

9. a) $e^x = 2 \Rightarrow P(\ln 2\,;\, 2)$; b) $1 - e^x = 0{,}5 \Rightarrow P(\ln 2\,;\, \ln 2 + 0{,}5)$. **S. 247**

10. a) $e^{2x} = e^{-2x} \Rightarrow S(0\,;1)$, für $f(x) = e^{2x}$ wird $f'(0) = 2 = m_1$, für $g(x) = e^{-2x}$ wird $g'(0) = -2 = m_2$. Mit $\tan\alpha = \frac{m_2 - m_1}{1 + m_1 m_2}$ wird $\tan\alpha = \frac{4}{3}$, also $\alpha = 53{,}13°$.

b) $e^x = e^{-x+2} \Rightarrow P(1\,;\, e)$, für $f(x) = e^x$ wird $f'(1) = e = m_1$, für $g(x) = e^{-x+2}$ wird $g'(1) = -e = m_2$. Entsprechend 10a) ergibt sich $\tan\alpha = 2e(1 - e^2)^{-1} \approx -0{,}8509$, also $\alpha = 139{,}6°$; der spitze Winkel ist $40{,}4°$.

## 11.2.4.

**S. 250**

1. a) $0{,}5x^2 + e^x$; b) $e^x + \ln|x|$; c) $a^x(\ln a)^{-1} + e^x$.

2. $e^{|x|} = 2e - ex^2 \Rightarrow S_1(1\,;\, e)$ und $S_2(-1\,;\, e)$; $2\int_0^1 (2e - ex^2 - e^x)\, dx = 2(\frac{2e}{3} + 1) \approx 5{,}6244$.

3. Die Graphen sind symmetrisch zur y-Achse. Schnittpunkte in $\mathbb{R}_0^+$: $e^{|x|} = \frac{e}{|x|} \Rightarrow P_1(1\,;\, e)$,

$|x| = \frac{e}{|x|} \Rightarrow P_2(\sqrt{e}\,;\, \sqrt{e})$, $|x| = e^{|x|} \Rightarrow$ kein Schnittpunkt.

$A = 2\,[\int_0^1 (e^x - x)\, dx + \int_1^{\sqrt{e}} (\frac{e}{x} - x)\, dx = 2(e-1) \approx 3{,}4366.$

**S. 250** 4. a) $y(50) = 3000e^{0,02 \cdot 50} \approx 8155$ ; b) $y(0) = \frac{8200}{e^{0,04 \cdot 100}} \approx 150$ ;

c) aus $y(0) = 2200$ und $y(4) = 23300$ ergibt sich $23300 = 2200e^{4k} \Rightarrow$

$k = 0{,}25 \ln \frac{23300}{2200} \approx 0{,}59$. Also $y(t) = 2200e^{0,59t}$ (t in Stunden), s. Fig. 11.15.

| Zeit | $9^h$ | $10^h$ | $11^h$ | $11.30^h$ | $13^h$ |
|---|---|---|---|---|---|
| Bestand | 3970 | 7160 | 12920 | 17350 | 42030 |

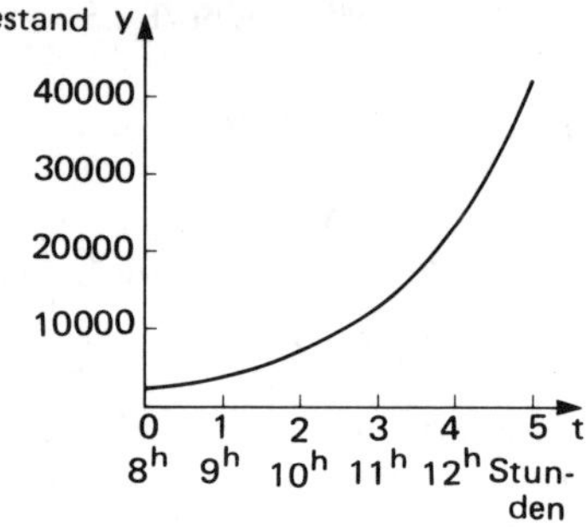

Fig. 11.15

d) $103500 = 69000e^{12k} \Rightarrow k \approx 0{,}0338$ ;

$69000 = y(-6)e^{6 \cdot 0,0338} \Rightarrow$

$y(-6) \approx 56334$ fm ;

$y(4) = 69000e^{0,0338 \cdot 4} \Rightarrow y(4) \approx 78989$fm ;

e) $82950000 = 80420000e^{k \cdot 1} \Rightarrow k \approx 0{,}031$ ;

$y(5) \approx 93903053$ .

5. a) $N = N_0 e^{-\lambda t}$ erfüllt die Differentialgleichung und ist einzige Lösung (siehe Beweisführung S. 248). Für die Stoffmengen $m_0$ und m gilt: $m_0 \approx N_0$, $m \approx N$ und somit $N : N_0 = m : m_0$ ;

b) $0{,}5\, N_0 = N_0 e^{-\lambda T} \Rightarrow T = \frac{\ln 2}{\lambda}$ ;

c) $\lambda = \frac{\ln 2}{138{,}5} \rightarrow 0{,}005$ ; Zerfallsgesetz $N = N_0 e^{-0,005t}$ (t in Tagen) ;

$N : N_0 = e^{-0,005 \cdot 148,5} \approx 0{,}4759$ ; 2,4 % ;

d) $0{,}5\, N_0 = N_0 e^{-19,7\lambda} \Rightarrow \lambda \approx 0{,}0352$ ; $N = N_0 e^{-0,0352t}$ (t in Minuten) ;

$0{,}1\, N_0 = N_0 e^{-0,0352t} \Rightarrow t \approx 65{,}4$ Minuten.

**S. 251** 6. a) $0{,}5\, N_0 = N_0 e^{-5730a\lambda} \Rightarrow \lambda = 0{,}000121 a^{-1}$; $N = N_0 e^{-0,000121 a^{-1} t}$;

b) $1{,}2 \cdot 10^{-8} = 3 \cdot 10^{-8} e^{-0,00121t}$, $t \approx 7573$ Jahre, $7573 - 1976 = 5597 \approx 5600$ v. Chr. .

**Vermischte Aufgaben**

7. a) $g(x) = x \ln x,\ x \in \mathbb{R}^+$ ; b) $f'(x) = (\ln x + 1)\, e^{x \ln x} = (\ln x + 1)\, x^x$ ;

c) $\ln x = -1 \Rightarrow x = e^{-1}$ ; $E_1 (e^{-1} ; 1 : \sqrt[e]{e}\,)$, $E_1 (0{,}3679 ; 0{,}6922)$;

$f''(x) = (\ln x+1)^2 e^{x \ln x} + x^{-1} e^{x \ln x} > 0$ für $x \in \mathbb{R}^+$, $E_1$ ist Minimum.

d)

| x | $10^1$ | 1 | $10^{-1}$ | $10^{-2}$ | $10^{-3}$ | $10^{-4}$ |
|---|---|---|---|---|---|---|
| x lnx | 23,0259 | 0 | –0,23026 | –0,04605 | –0,00691 | –0,00092 |

S. 251

$\lim\limits_{x\to 0} x^x = \lim\limits_{x\to 0} e^{x \ln x} = e^0 = 1$ .

8. a) $f(x) = e^{x^{-1}\ln x}$, $f'(x) = x^{-2}(1-\ln x)\sqrt[x]{x}$ ; S. 252

b) $f(x) = e^{\sqrt{x}\ln x}$, $f'(x) = \frac{x^{\sqrt{x}}}{2\sqrt{x}}(2 + \ln x)$ ;

c) $f(x) = e^{\sin x \ln x}$, $f'(x) = x^{\sin x}(x^{-1}\sin x + \ln x \cos x)$ ;

d) $f(x) = e^{x \ln \cos x}$, $f'(x) = (\cos x)^x(\ln \cos x - x \tan x)$ ;

e) $f(x) = e^{(e^x)\ln x}$, $f'(x) = e^x x^{(e^x)}(x^{-1} + \ln x)$ ;

f) $f(x) = e^{(\ln x)^2}$, $f'(x) = 2x^{-1}x^{\ln x}\ln x$;

g) $f(x) = e^{x^{-1}\ln(ax-b)}$, $f'(x) = \left[\frac{a}{x(ax-b)} - \frac{\ln(ax-b)}{x^2}\right](ax-b)^{x^{-1}}$ ;

h) $f(x) = x^{\sqrt{x}\ \ln \sin x}$, $f'(x) = (\sin x)^{\sqrt{x}}\left(\frac{\ln \sin x}{2\sqrt{x}} + \sqrt{x}\cot x\right)$ ;

i) man schreibe zunächst $f(x) = e^{x\ln(1-\frac{1}{x})}$ .

9. a) $\lim\limits_{x\to 0}\frac{e^x}{1} = 1$ ; b) $\lim\limits_{x\to 0}\frac{e^x + e^{-x}}{\cos x} = 2$ ;

c) $\lim\limits_{x\to 0}\frac{e^{-3x}(3x^2-2x) + 2x}{4-4\cos 2x} = \lim\limits_{x\to 0}\frac{e^{-3x}(-2+12x-9x^2) + 2}{8\sin 2x} =$

$\lim\limits_{x\to 0}\frac{e^{-3x}(18-54x+27x^2)}{16\cos 2x} = \frac{9}{8}$ ;

d) $\lim\limits_{x\to 0}\frac{1-\cos 6x}{1+e^{-16x}(16x-1)} = \lim\limits_{x\to 0}\frac{3\sin 6x}{16e^{-16x}(1-8x)} = 0$ .

10. a) $f(x) = \log_{e^2}(ex) \iff (e^2)^{f(x)} = ex \iff e^{2f(x)} = ex \iff 2f(x) = \ln(ex)$; $f(x) = 0{,}5(1+\ln x)$;

b) $x = 0{,}5\,(1+\ln y)$; $f^{-1}(x) = e^{2x-1}$ ;

c) $t_1 :\ y = \frac{x}{2x_0} + \frac{1}{2}\ln x_0$ , $t_2 : y = \frac{x}{x_0} + \ln x_0 - 1$ d) $S(x_0(2-\ln x_0)\ ;\ 1)$ ;

e) (1) wegen $y_S = 1$ liegen alle Schnittpunkte auf der Geraden $g(x) = 1$ ;

(2) es sei $h(x_0) = x_0(2-\ln x_0)$; aus $h'(x_0) = 1-\ln x$ folgt $x_E = e$ (Maximum von h(x));

da $\lim\limits_{x_0\to\infty} x_0(2-\ln x_0) = -\infty$, gilt $D_{g(x)} = ]-\infty\ ;\ e]$ ; damit ist $G_{g(x)}$ eine Halbgerade.

**S. 252** 11. $f_1(0)$ und $f_2(0)$ und $f_2(0)$ sind nicht definiert.

(1) $\lim\limits_{x\to 0-0} e^{-\frac{1}{x}} = \infty$, $\lim\limits_{x\to 0+0} e^{-\frac{1}{x}} = 0$, keine stetige Fortsetzung über $x = 0$ möglich;

s. Fig. 11.16 ;

(2) $\lim\limits_{x\to 0-0} e^{-\frac{1}{x^2}} = \lim\limits_{x\to 0+0} e^{-\frac{1}{x^2}} = 0$, stetige Fortsetzung über $x = 0$ möglich;

Definition $f(0) = 0$, $f'(0) = 0$ ; s. Fig. 11.17 .

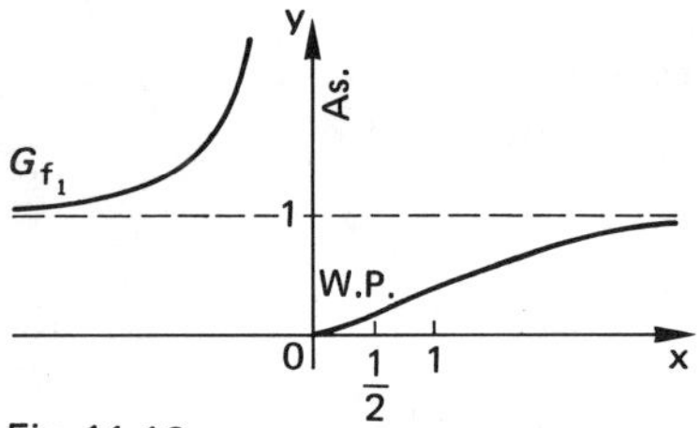


Fig. 11.16

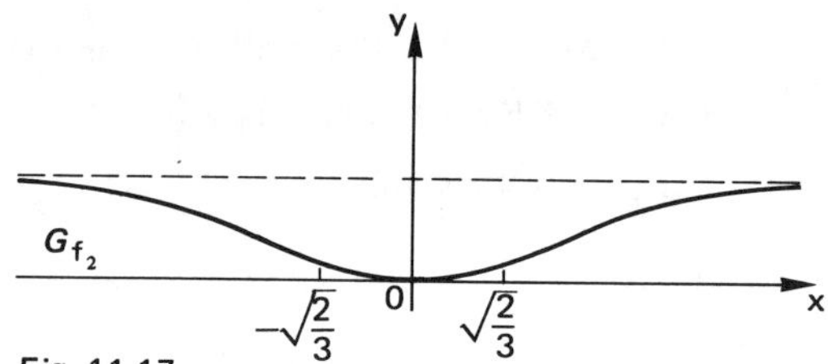


Fig. 11.17

**S. 254** 1. Mit Hilfe der Zinseszinsformel für die unterjährige Zinsverrechnung erhält man

a) 2002,92 DM ; b) 2044,27 DM ; c) 2065,77 DM ; d) 2080,42 DM.

2. 110132329 DM .

**S. 255** 1. Graph zu $I = 3e^{-0,2t}$ s. Fig. 11.18 ;

2. Graph zu $I = 12(1-e^{-0,1t})$ s. Fig. 11.18 .

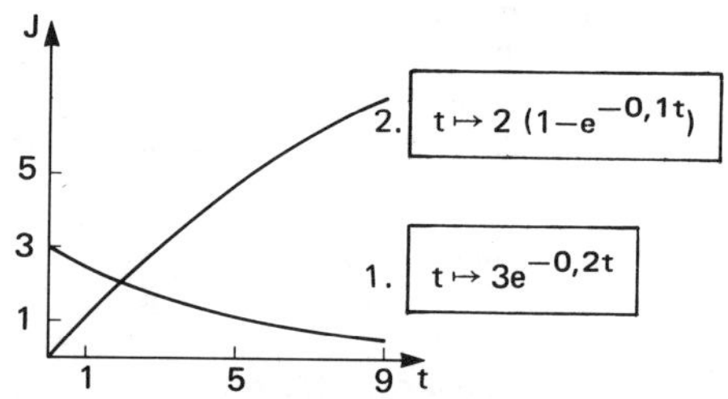


Fig. 11.18

**12.1**

**S. 258** 1. a) $-7x^{-8}$; b) $-3x^{-4}$; c) $-6x^{-4}-20x^{-5}$; d) $-x^{-5}+x^{-4}$ .

2. a) $-(x+1)^{-2}$; b) $4x(9-x^2)^{-2}$; c) $-\cos x\,(\sin^2 x)^{-1}$; d) $(-1+2x)(2+x-x^2)^{-2}$ .

3. a) $-x^{-2}$; b) $(x^2-a^2)x^{-2}$; c) $2x^{-3}$; man schreibe $f(x)$ um, zum Beispiel a) $f(x) = 1+x^{-1}$ .

d) $(x^3-3ax^2)\,(x-a)^{-3}$; e) $(x\cos x-\sin x)x^{-2}$;

f) $\sin x-x\cos x)\,(\sin^2 x)^{-1}$ ; g) $(b\cos x+(a+bx)\sin x)\,(\cos^2 x)^{-1}$;

h) $(1+\cos x)^{-1}$ ; i) $-2\sin x(1-\cos x)^{-2}$;

k) $-3(x-3)^{-2}$ für $x > 0$; $3(x-3)^{-2}$ für $x < 0$, vgl. Lösungsheft 11.2.2., Nr. 4;

l) $-(x(\ln x)^2)^{-1}$; m) $(1-\ln x)\,x^{-2}$; n) $(\ln x-1)\,(\ln x)^{-2}$;

o) $-2e^{x}(1+e^{x})^{-2}$;  p) $4(e^{x}+e^{-x})^{-2}$. **S. 258**

4. a) $f'(x) = -3(x-1)^{-2}$, $D_{f'} = \mathbb{R} \setminus \{1\}$, keine waagerechten Tangenten;

   b) $f'(x) = (-x+4)\,(x-2)^{-3}$, $D_{f'} = \mathbb{R} \setminus \{2\}$, waagerechte Tangente in P(4 ; 0,25);

   c) $f'(x) = \dfrac{x^3+2x|x|-3x}{|x|(|x|+1)^2}$ (vgl. Lösungsheft 11.2.2., Nr. 4), $D_{f'} \equiv \mathbb{R} \setminus \{0\}$, waag. Tang. in P(1 ; 2) und Q(−1 ; 2);

   d) $f'(x) = -\dfrac{x^2+3ax+2a^2}{ax^3\,|a+x|}$, $D_{f'} = \mathbb{R} \setminus \{0, -a\}$, waag. Tang. in $P(-2a\,;\dfrac{1}{4a^2})$;

   e) $f'(x) = -e^{-x}\,(2+x)\,(1+x)^{-2}$, $D_{f'} = \mathbb{R} \setminus \{-1\}$, waag. Tang. in $P(-2\,; -e^2)$.

5. a) $(x+1)^{-2}$; $-2(x+1)^{-3}$;  b) $-2(x-1)^{-2}$; $4(x-1)^{-3}$;

   c) $(4x-x^2)\,(2-x)^{-2}$; $8(2-x)^{-3}$;

   d) $a^2\,(a+|x|)^{-2}$; $-2a^2x(a+|x|)^{-3}\,|x|^{-1}$; vgl. Lösungsheft 11.2.2., Nr. 4.

6. $4x^{-2} = x^2 + 3 \Rightarrow S_1(1\,;4), S_2(-1\,;4)$; 33,69°.

7. $f'(x) = \varphi'(x) = -3x^{-4}$; es gilt $f(x) = 1 + \varphi(x)$.

8. Aus $\dfrac{f(x_0+h)-f(x_0)}{h} = \left(\dfrac{x_0+h}{x_0+h+2} - \dfrac{x_0}{x_0+2}\right) : h$ ergibt sich nach Umformung (Hauptnenner, Kürzen durch $h \neq 0$) und Grenzwertbildung

   $\lim\limits_{h\to 0} \dfrac{2}{(x_0+2)\,(x_0+h+2)} = \dfrac{2}{(x_0+2)^2}$, also $f'(x) = 2(x+2)^{-2}$.

9. Die Schnittpunkte liegen auf den Geraden $x = 1$ und $y = -1$. Die Summe der Richtungswinkel der Tangenten in jedem Schnittpunkt beträgt 180°. Die Tangenten liegen symmetrisch zur Parallelen zur y-Achse durch die Schnittpunkte.

10. $f^{(n)}(x) = \dfrac{(-1)^{n+1}(n-1)!}{(x-1)^n}$, Beweis durch vollständige Induktion; $f^{(7)}(7) = 6!:6^7 \approx 0{,}00257$. **S. 259**

11. $f'(x) = (\ln x-1)\,(\ln x)^{-2}$, Minimum M(e ; e); $f''(x) = \dfrac{-\ln x+2}{x(\ln x)^3}$, Wendepunkt $W(e^2\,; 0{,}5e^2)$;

12. $O(a,h) = 2a^2 + 4ah$, Nebenbedingung $V = a^2h$, also $h = Va^{-2}$;
    $O(a) = 2a^2 + 4Va^{-1}$, $O'(a) = 4a - 4Va^{-2} = 0 \Rightarrow a = \sqrt[3]{V}$, also $h = a$ (Minimum). Quader muß ein Würfel sein.

13. $O(r,h) = 2\pi r\,(r+h)$, Nebenbedingung $V = \pi r^2 h = 125$;

    $O(r) = 2\pi r^2 + 250r^{-1}$, $O'(r) = 4\pi r - 250r^{-2} = 0$; $r = \sqrt[3]{\dfrac{62{,}5}{\pi}} \approx 2{,}7096$; $h = 2r \approx 5{,}4192$.

**S. 259** 14. $D_f = \mathbb{R}^+ \setminus \{1\}$; $\ln|\ln x| = 0 \Rightarrow x_1 = e$; $x_2 = e^{-1}$; $f'(x) = (x \ln x)^{-1}$,

$f'(e) = e^{-1} \Rightarrow \alpha_1 = 20{,}20°$; $f'(e^{-1}) = -e \Rightarrow \alpha_2 = 110{,}20°$;

$f''(x) = -(\ln x+1)\,(x \ln x)^{-2} \Rightarrow W(e^{-1}; 0)$ ; vgl. Fig. 11.6 Lösungsheft 11.1.4., Aufg. 8f.

15. $\lim\limits_{x\to 0-0} f(x) = \lim\limits_{x\to 0+0} f(x) = -2$, also $\varphi(x) = \begin{cases} f(x) & \text{für } x \in \,]-\pi\,;\pi[\, \setminus \{0\} \\ -2 & \text{für } x = 0 \end{cases}$

$\varphi'(x) = 3 - \ln \frac{\sin x}{x} - \frac{x \cos x - \sin x}{\sin x}$, $\varphi'(0) = 3$, $\varphi'$ ist an der Stelle 0 stetig (man

beachte $\lim\limits_{x\to 0} \ln\frac{\sin x}{x} = 0$ und $\lim\limits_{x\to 0} \frac{x \cos x}{\sin x} = 1$ nach l'Hospital).

## 12.2.

**S. 264** 1. a) $D_{f(x)} = \mathbb{R} \setminus \{-1\,;-2\}$; $x_1 = -2$: stetig behebbare Definitionslücke. Man setze $\varphi(-2) = 2$; $\varphi(x) = x(x+1)^{-1}$, $x \in \mathbb{R} \setminus \{-1\}$; $x_2 = -1$: Pol ; $f(x) \to \infty$ für $x \to -1-0$, $f(x) \to -\infty$ für $x \to -1+0$ ;

b) $D_{f(x)} = \mathbb{R} \setminus \{0\}$; $x = 0$: Pol. 2. Ordnung; $f(x) \to -\infty$ für $x \to 0$ ;

c) $D_{f(x)} = \mathbb{R} \setminus \{0\,;3\}$; $x_1 = 0$: stetig behebbare Definitionslücke, man setze $\varphi(0) = 0$; $\varphi(x) = x(x-3)^{-1}$; $x_2 = 3$: Pol ; $f(x) \to -\infty$ für $x \to 3-0$, $f(x) \to +\infty$ für $x \to 3+0$ ;

d) $D_{f(x)} = \mathbb{R} \setminus \{0\,;1\}$, $x_1 = 0$: Pol 5. Ordnung, $x_2 = 1$: Pol ; $f(x) \to \infty$ für $x \to 0-0$, $f(x) \to -\infty$ für $x \to 0+0$ .

2. S. Fig. 12.1 .

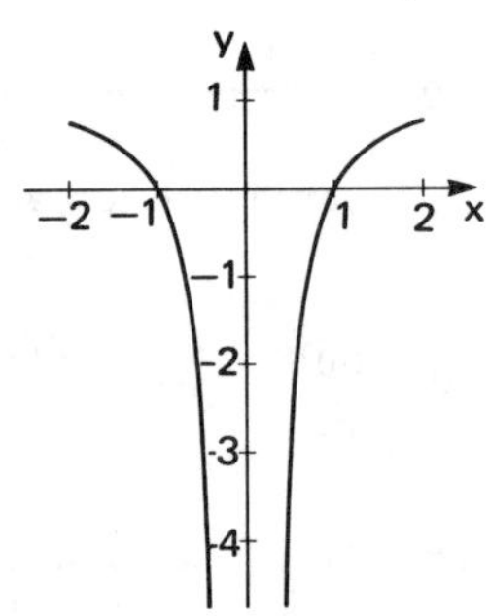


Fig. 12.1

3. $x^2 - 6x + 8 = 0 \Rightarrow x_1 = 4$: Pol, Grenzwert existiert nicht, $x_2 = 2$: stetig behebbare Lücke, Grenzwert 0 .

4. a) Zum Beispiel $f(x) = (x-3)\,(x-3)^{-1}\,(x-2)^{-1}$, $x \in \mathbb{R} \setminus \{2\,;3\}$;

b) zum Beispiel $f(x) = (x-2\,(x+2)^{-2}$, $x \in \mathbb{R} \setminus \{-2\}$.

5. Vergleiche S. 263; a) Es ist $m = n$, für $x \to \pm\infty$ geht $f(x)$ gegen 4 ;

b) es ist $n > m$, für $x \to \pm\infty$ geht $f(x)$ gegen $\mp\infty$;

c) es ist $n < m$, für $x \to \pm\infty$ geht $f(x)$ gegen 0.

**S. 265** 6. a) $x_1 = 0$: Stetig behebbare Definitionslücke, $x_2 = 2$: 2-facher Pol, für $x \to 2$ geht y gegen $-\infty$, $\lim\limits_{x\to\pm\infty} f(x) = 2$ ;

b) $x_1 = 2$: 3-facher Pol, für $x \to 2-0$ geht y gegen $-\infty$, für $x \to 2+0$ geht y gegen $+\infty$, für $x \to -\infty$ geht y gegen $-\infty$; für $x \to \infty$ geht y gegen $\infty$; 

c) $x_1 = 1$: stetig behebbare Definitionslücke, $x_2 = 1$: Pol; $x \to -1 -0 \Rightarrow y \to -\infty$, $x \to -1+0 \Rightarrow y \to \infty$, $x \to \pm\infty \Rightarrow y \Rightarrow \pm\infty$.

7. a) Punktsymmetrie zum Nullpunkt, Nullstelle $x_1 = 0$, Pole $x_2 = 2$ und $x_3 = -2$; $x \to 2-0 \Rightarrow y \to \infty$, $x \to 2+0 \Rightarrow y \to -\infty$, $x \to -2-0 \Rightarrow y \to \infty$, $x \to -2+0 \Rightarrow y \to -\infty$; $\lim\limits_{x \to \pm\infty} f(x) = 0$;

b) Symmetrie zur y-Achse, Nullstelle $x_1 = 0$, $\lim\limits_{x \to \pm\infty} f(x) = 2$;

c) Symmetrieachse $x = 2$, keine Nullstelle, Pol $x = 2$; $x \to 2+0 \Rightarrow y \to \infty$, $x \to 2-0 \Rightarrow y \to \infty$; $\lim\limits_{x \to \pm\infty} f(x) = 0$; s. Fig. 12.2;

d) Symmetrieachse $x = 0$, keine Nullstellen, Pole $x_1 = 2$ und $x_2 = -2$; $x \to 2-0 \Rightarrow y \to -\infty$, $x \to 2+0 \Rightarrow y \to \infty$, $x \to -2-0 \Rightarrow y \to \infty$, $x \to -2+0 \Rightarrow y \to -\infty$; $\lim\limits_{x \to \pm\infty} f(x) = 0$; s. Fig. 12.3.

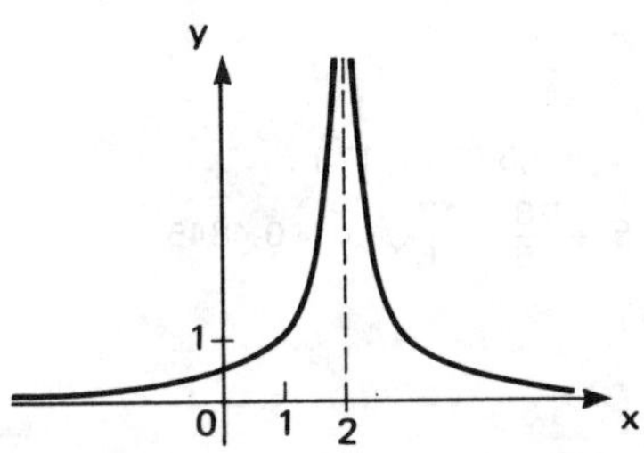


Fig. 12.2

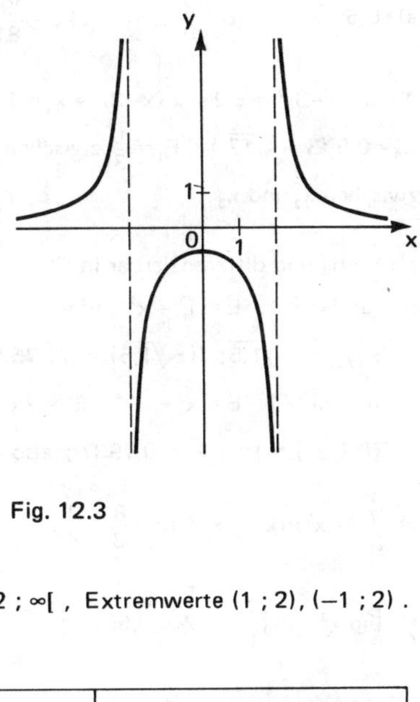


Fig. 12.3

8. a) $D_f = \mathbb{R} \setminus \{\sqrt{2}; -\sqrt{2}\}$, $W_f = \mathbb{R}$;

b) $D_f = \mathbb{R} \setminus \{\sqrt[3]{2}\}$, $W_f = \mathbb{R}$;

c) $D_f = \mathbb{R}^+$, $W_f = \mathbb{R}^+$; d) $D_f = \mathbb{R}$, $W_f = [2; \infty[$, Extremwerte (1; 2), (−1; 2).

9.

| geht / für | (1) $\log_a x$ | (2) $a^x, a>0$ | (3) $a^x, a<0$ | (4) ganzrationale Funktion | (5) gebrochen rationale Funktion |
|---|---|---|---|---|---|
| $x \to \infty$ | $\to \infty$ | $\to \infty$ | $\to 0$ | $\to \pm\infty$ | siehe Lehrbuch Seite 263, Satz |
| $x \to -\infty$ | nicht defin. | $\to 0$ | $\to \infty$ | | |

Aus der Tabelle ist ersichtlich, daß (4) und (5) anderes Verhalten für $x \to \pm\infty$ aufweisen als (1), (2) und (3).

**S. 265** 10. Fallunterscheidung bzgl. a, b, c, d und Anwendung der Sätze von § 12.2. .

11. a) $W_f = ]0\,;1]$, Asymptote $y = 0$, Max (0 ; 1), kein Pol;
 b) $W_f = ]-2\,;2]$, Asymptote $y = 0$, Min (0 ; –2), Max (2 ; 2), kein Pol;
 c) $W_f = [0\,;0{,}5]$, Asymptote $y = 0$, Min (0 ; 0), Max (± 1 ; 0,5), kein Pol;
 d) $W_f = \mathbb{R}_0^- \cup ]1\,;\infty[$ oder $\mathbb{R} \setminus [1\,;\infty[$ .

12. a) Der Integrand ist nicht definiert bei $x = 0$, aber $0 \in [-1\,;1]$;
 b) der Integrand ist unstetig bei $x = \pm 1$ und $\pm 1 \in [-2\,;2]$;
 c) Integrand unstetig bei $x_1 = 2$ und $x_2 = 4$; es ist $4 \in [3\,;5]$;
 d) $y = \cot x$ ist unstetig bei $x = 0$ .

13. a) $-0{,}25 - 0{,}25x^{-4}$;  b) $\frac{11}{3} - \frac{3}{x} - \frac{2}{3x^3}$;
 c) gekürzt: $\int\limits_1^x \frac{t-1}{t^3}\,dt = 0{,}5 + 0{,}5x^{-2} - x^{-1}$;  d) $-3{,}5 + 3x^{-1} + 0{,}5x^2$.

14. a) 0,5 ;  b) $\frac{2}{9}$;  c) $-\frac{295}{81}$;  d) $\frac{11}{3}$.

15. $4 = x^2(x-3)^2 \Rightarrow \pm 2 = x(x-3) \Rightarrow x_1 = 1$ und $x_2 = 2$ . $x_3 = 0{,}5\,(3 + \sqrt{17})$;
 $x_4 = 0{,}5\,(3 - \sqrt{17})$; $F_1 = \frac{1}{3}$ zwischen $x_1$ und $x_2$; $F_2 = \frac{73}{6} - \frac{17}{6}\sqrt{17} \approx 0{,}4845$
 zwischen $x_2$ und $x_3$ .

16. a) Stetig und differenzierbar in $\mathbb{R}$ ;
 b) für $|x| \leq 1$: $E = l^2 = x^2 + y^2 = x^4 - 3x^2 + 4$, $E' = 4x^3 - 6x = 0 \Rightarrow$
 $x_{1/2} = \pm\sqrt{1{,}5}$; $f(\pm\sqrt{1{,}5}) = \sqrt{1{,}75} \approx 1{,}3229$ (Minimum), $x_3 = 0$, $f(0) = 2$;
 für $|x| > 1$: $E = x^2 + x^{-4}$, $E' = 2x - 4x^{-5} = 0 \Rightarrow x_{4/5} = \pm\sqrt[6]{2}$ ,
 $f(\pm\sqrt[6]{2}) = 1 : \sqrt[3]{2} \approx 0{,}7937$ ; also $P_{1/2}\,(\pm\sqrt[6]{2}\,;1:\sqrt[3]{2})$ ;
 c) $\int\limits_0^1 (2-x^2)\,dx + \int\limits_1^a x^{-2}\,dx = \frac{8}{3} - \frac{1}{a}$;  d) $\lim\limits_{a\to\infty}\left(\frac{8}{3} - \frac{1}{a}\right) = \frac{8}{3}$.

**S. 266** 17. a) $\left[\ln|x^2+2|\right]_1^2 = \ln 2 \approx 0{,}6931$ ;  b) $\left[\frac{1}{3}\ln|3x-1|\right]_1^2 = \frac{1}{3}\ln 2{,}5 \approx 0{,}3054$ ;
 c) $\left|\left[\ln|x^2 - 2x - 3|\right]_1^2\right| = |\ln 0{,}75| \approx 0{,}2877$  d) $\left[\ln|2\sqrt{x^3} + 3x|\right]_1^2 \approx 0{,}8465$.

18. a) $D_{f(x)} = \mathbb{R} \setminus \{-1\}$; $F(x) = x - \ln|x+1|$;
 b) $D_{f(x)} = \mathbb{R} \setminus \{1\}$; $F(x) = 5(x + \ln|x-1|)$;
 c) $D_{f(x)} = \mathbb{R} \setminus \{1\}$; $F(x) = x + 2\ln|x-1|$;
 d) $D_{f(x)} = \mathbb{R} \setminus \{-\frac{2}{3}\}$; $F(x) = x - \ln|3x+2|$;
 e) $D_{f(x)} = \mathbb{R} \setminus \{2\}$; $F(x) = 0{,}5x^2 + 2x + 4\ln|x-2|$;

f) $D_{f(x)} = \mathbb{R} \setminus \{-1\}$; $F(x) = \frac{x^3}{3} - \frac{x^2}{2} + x - \ln|x+1|$. **S. 266**

19. a) $0{,}5\,(\ln|x+1| - \ln|x-1|)$ ;

b) $0{,}125 \ln\left|\frac{x-0{,}25}{x+0{,}25}\right|$ ;

c) $\ln\left|\frac{x-1}{x}\right|$ ;

d) $3\ln|x+3| + 2\ln|x+2|$ ;

e) $0{,}5\,(\ln|x+1| + \ln|x-1|) - \ln|x|$ ;

f) $2\ln|x| + 3\ln|x+2| - \ln|x-1|$ ;

g) $2x^{-1} + \ln|x| - 3\ln|1-x|$ ;

h) $x^2 + \ln|x| - 2\ln|x+1|$ ;

i) $\frac{x^3}{3} + \frac{3}{2}x^2 + 2\ln|x+1| - \ln|x-1|$ .

## 12.3.

1. a) $D_f = \mathbb{R} \setminus \{4\}$, $W_f = \mathbb{R}^+$ ; $x_1 = 4$ Pol 2. Ordnung, keine Nullstelle, Asymptoten $x = 4$ und $y = 0$, Symmetrieachse $x = 4$; s. Fig. 12.4; **S. 271**

b) $D_f = \mathbb{R} \setminus \{2\,;-2\}$, $W_f = \mathbb{R} \setminus\, ]-0{,}25\,;0]$ ; $x_1 = 2$, $x_2 = -2$ Pole; keine Nullstelle, 3 Asymptoten $x = 2$, $x = -2$, $y = 0$ ; Symmetrieachse $x = 0$; s. Fig. 12.5 ;

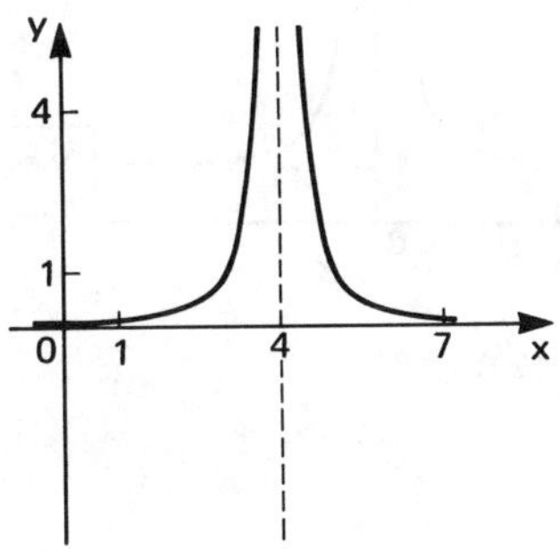

Fig. 12.4

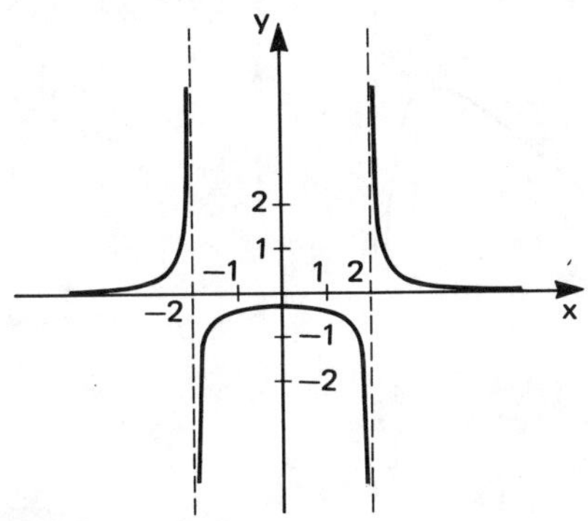

Fig. 12.5

c) $D_f = \mathbb{R} \setminus \{0\}$, $W_f = \mathbb{R}$ ; $x_1 = 0$ Pol, $x_2 = 1$, $x_3 = -1$ Nullstellen, Asymptoten $x = 0$ und $y = x$, Punktsymmetrie zu $(0\,;0)$; s. Fig. 12.6 ;

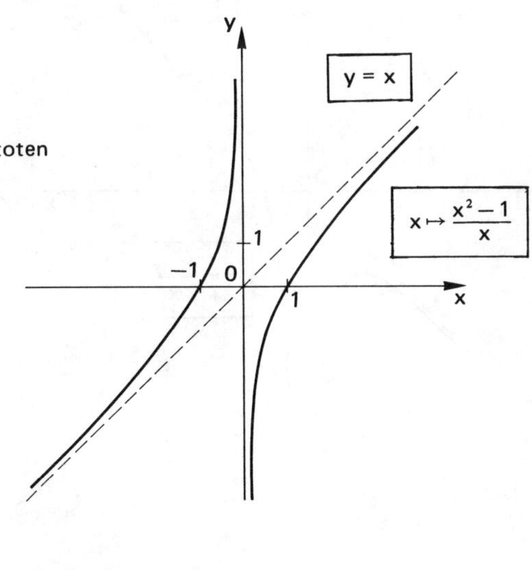

Fig. 12.6

**S. 271** d) $D_f = \mathbb{R} \setminus \{0\}$; $W_f = \mathbb{R} \setminus \{0\}$; $x_1 = 0$ Pol, keine Nullstelle, Asymptoten $x = 0$ und $y = x$, Punktsymmetrie zu $(0\ ;0)$; s. Fig. 12.7 ;

e) $D_f = \mathbb{R} \setminus \{0\}$, $W_f = ]1\ ;\infty[$; $x_1 = 0$ Pol 2. Ordnung, keine Nullstelle, Asymptoten $x = 0$ und $y = 1$, Symmetrieachse $x = 0$; s. Fig. 12.8 ;

f) $D_f = \mathbb{R} \setminus \{0\}$, $W_f = \mathbb{R}$; $x_1 = 0$ Pol 2. Ordnung, $x_2 = 1$ Nullstelle, Asymptoten $x = 0$ und $y = x$; s. Fig. 12.9 ;

g) $D_f = \mathbb{R} \setminus \{-1\}$, $W_f = \mathbb{R}$; $x_1 = -1$ Pol, $x_2 = 0$ Nullstelle, Asymptoten $x = -1$ und $y = x-1$ ; s. Fig. 12.10;

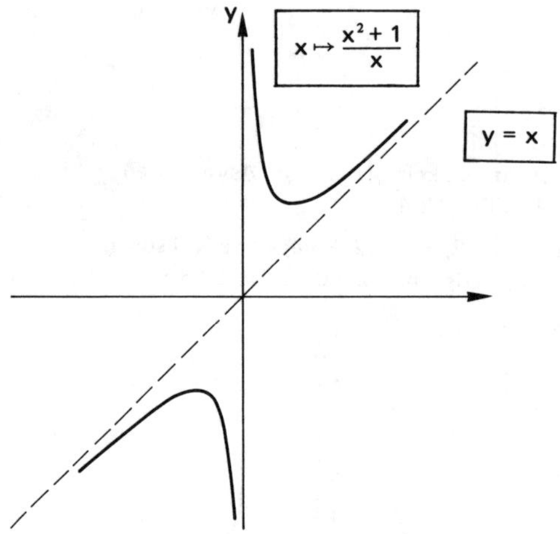


Fig. 12.7

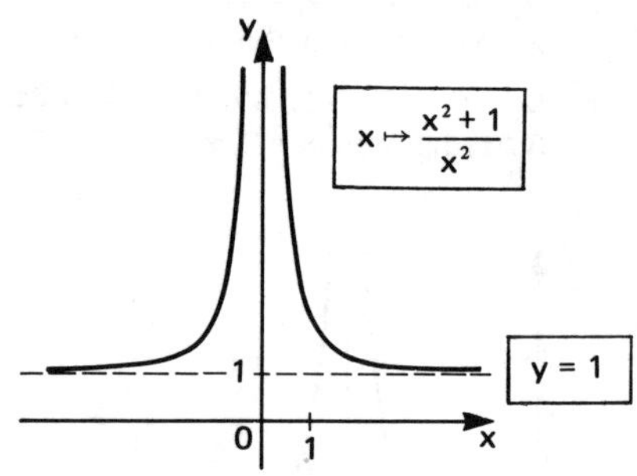


Fig. 12.8

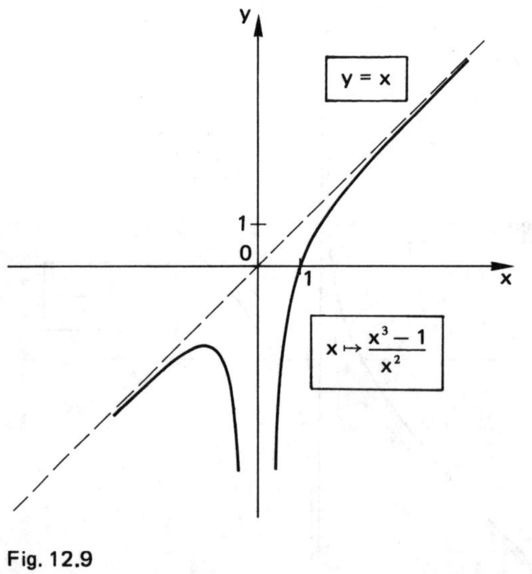


Fig. 12.9

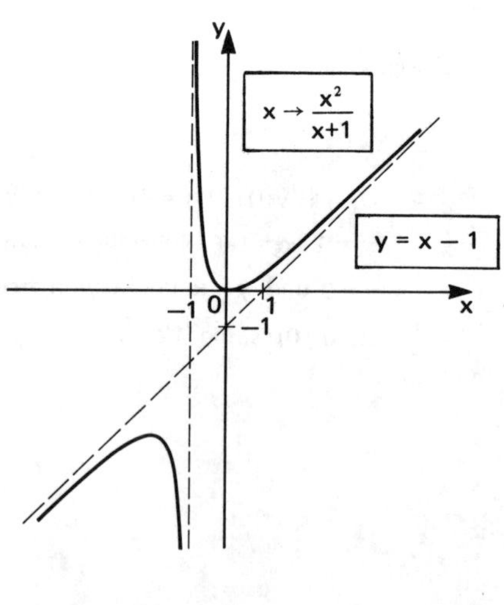


Fig. 12.10

h) $D_f = \mathbb{R}$, $W_f = ]1\,;2]$ ; kein Pol, keine Nullstelle, Asymptote $y = 1$, Symmetrie zur y-Achse; s. Fig. 12.11 ;

i) $D_f = \mathbb{R}$, $W_f = [-2\,;1[$ ; kein Pol, Nullstellen $x_{1/2} = \pm\sqrt{2}$ , Asymptote $y = 1$, Symmetrie zur y-Achse; s. Fig. 12.12 ;

k) $D_f = \mathbb{R}$, $W_f = [0\,;1[$ ; kein Pol, Nullstelle $x_1 = 0$ zweifach, Asymptote $y = 1$, Symmetrie zur y-Achse; s. Fig. 12.13;

l) $D_f = \mathbb{R}$, $W_f = \mathbb{R}_0^+$; kein Pol, Nullstelle $x_1 = 0$ vierfach, Symmetrie zur y-Achse; Asymptote $y = x^2 - 1$ ; s. Fig. 12.14 ;

m) $D_f = \mathbb{R} \setminus \{0\}$, $W_f = \mathbb{R}$ ; Pol $x_1 = 0$ zweifach, Nullstellen $x_{2/3} = \pm 1$, Asymptoten $x = 0$ und $y = x^2$, Symmetrie zur y-Achse; s. Fig. 12.15 .

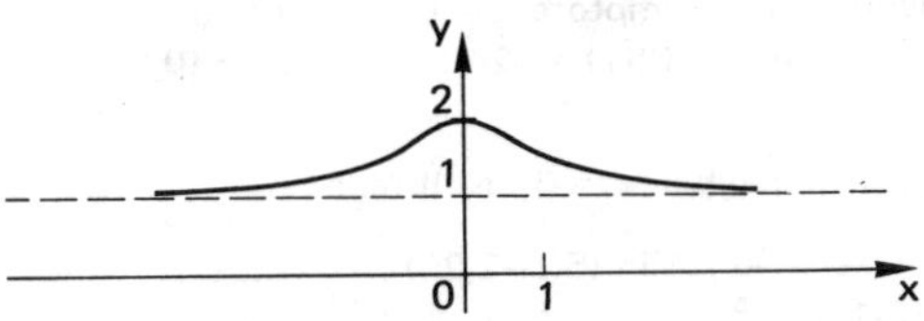


Fig. 12.11

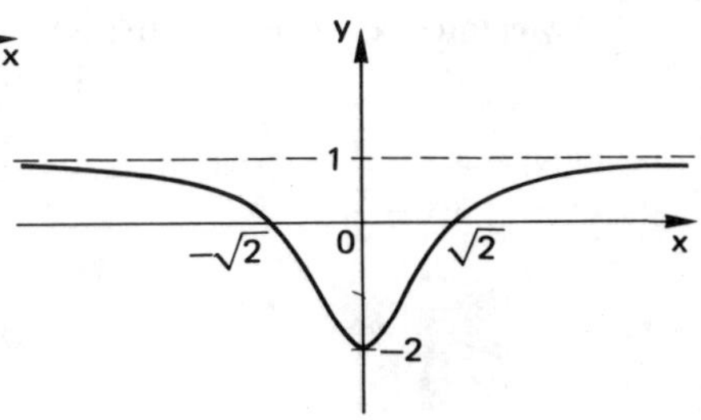


Fig. 12.12

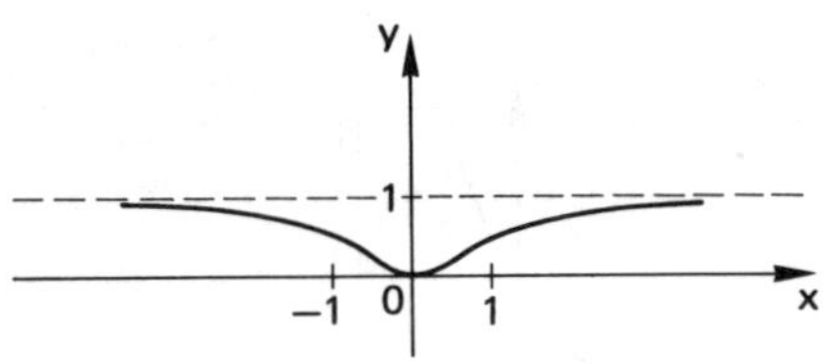


Fig. 12.13

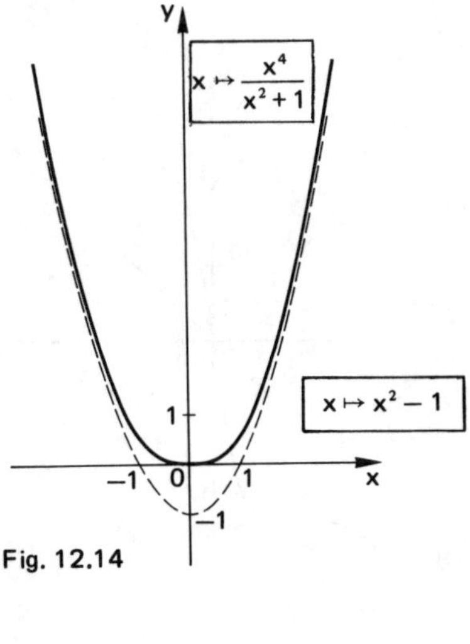


Fig. 12.14

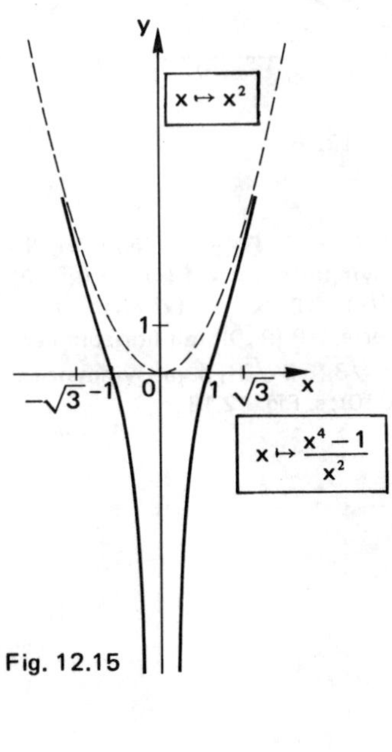


Fig. 12.15

**S. 271** 2. Zum Beispiel a) $f: x \mapsto \frac{(x-1)^2}{x^2}$; b) $f: x \mapsto \frac{(x+1)^2}{x(x-2)}$;

c) $f: x \mapsto \frac{x^2+1}{x}$; d) $f: x \mapsto \frac{x(x^2+1)}{x-1}$.

3. Asymptote $l(x) = 2(x-1)$, $|f(x) - l(x)| < 0{,}01 \Rightarrow 200 < |x+1| \Rightarrow |x| > 201$.

4. Für große $|x|$, wenn $|x| > 10$, für kleine $|x|$, wenn $|x| < 0{,}02$.

5. a) Für sehr kleine $|x|$: $x \to x^{-2}$; für sehr große $|x|$ : $x \to x^2$;

   b) $x \mapsto 5x^{-1}$ bzw. $x \mapsto 2x^2$;

   c) $x \mapsto 3x^{-2}$ bzw $x \mapsto x+2$.

6. a) $D_f = \mathbb{R}$, $W_f = ]0\,;6]$; kein Pol, keine Nullstelle, Asymptote $y = 0$, Max $(0\,;6)$ aus $f'(x) = -108x\,(x^2+9)^{-2}$, WP $(\pm\sqrt{3}\,;4{,}5)$ aus $f''(x) = 324\,(x^2-3)\,(x^2+9)^{-3}$; Symmetrie zur y-Achse; s. Fig. 12.16 ;

   b) $D_f = \mathbb{R} \setminus \{3\}$; $W_f = [-2{,}25\,;\infty[$; Pol 2. Ordnung bei $x_1 = 3$, Nullstelle $x_2 = 4$, Asymptoten $x = 3$ und $y = 0$; $f'(x) = \frac{5-x}{3(1-\frac{x}{3})^3}$, Min $(5\,;-2{,}25)$ ;

   $f''(x) = \frac{4-\frac{2}{3}x}{3(1-\frac{x}{3})^4}$, WP $(6\,;-2)$ ; s. Fig. 12.17 ;

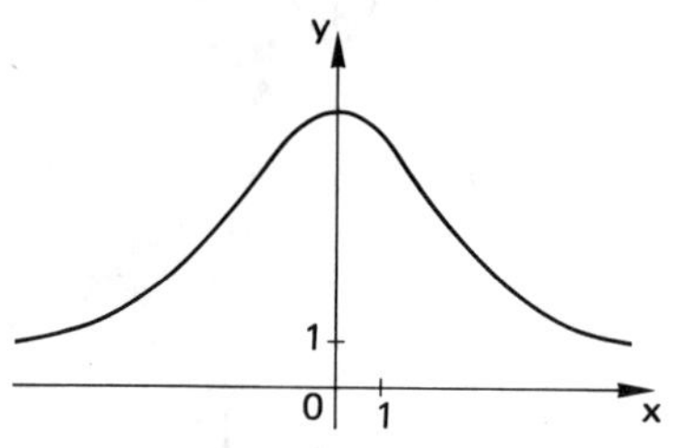


Fig. 12.16

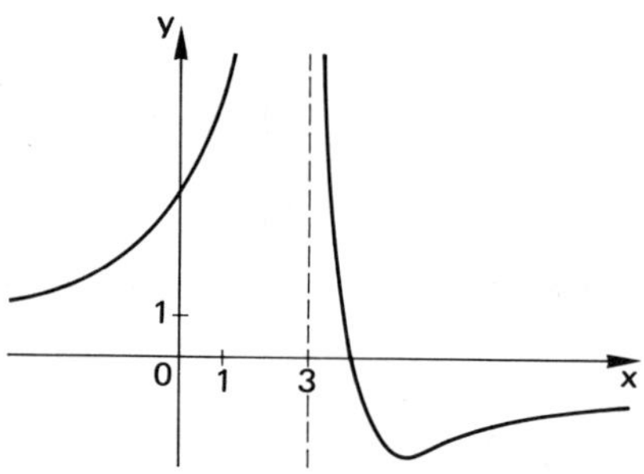


Fig. 12.17

c) $D_f = \mathbb{R}$, $W_f = \mathbb{R}$ ; kein Pol, Nullstelle $x_1 = 0$, Asymptote $y = x$, $f'(x) = = (x^2-3)^2\,(x^2+1)^{-2}$, $f''(x) = 16x(x^2-3)\,(x^2+1)^{-3}$, keine Extremwerte, WP $(0\,;0)$ mit horizontaler Tangente in $(\pm\sqrt{3}\,;\pm 3\sqrt{3})$, punktsymmetrisch zu $(0\,;0)$; s. Fig. 12.18 ;

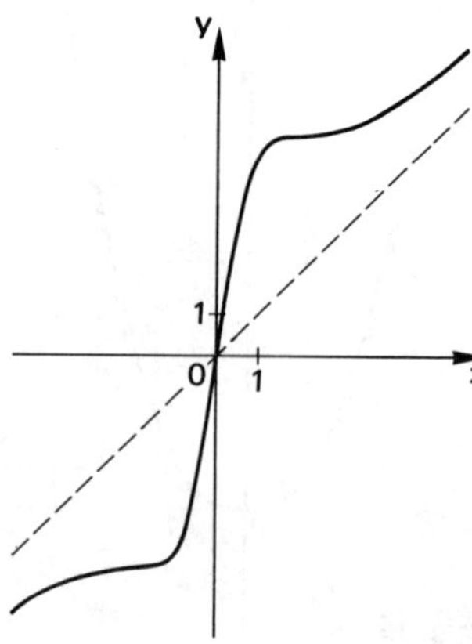


Fig. 12.18

d) $D_f = \mathbb{R} \setminus \{1\}$, $W_f = \mathbb{R} \setminus ]-18\,;-2[$ ; Pol bei $x_1 = 1$, Nullstellen $x_2 = -1$ und $x_3 = -7$; Asymptoten $x = 1$ und $y = -x - 9$ ; $f'(x) = (-x^2 + 2x + 15)\,(1-x)^{-2}$, $f''(x) = 32\,(1-x)^{-3}$; Min $(-3\,;-2)$, Max $(5\,;-18)$, keine Wendepunkte; s. Fig. 12.19 .

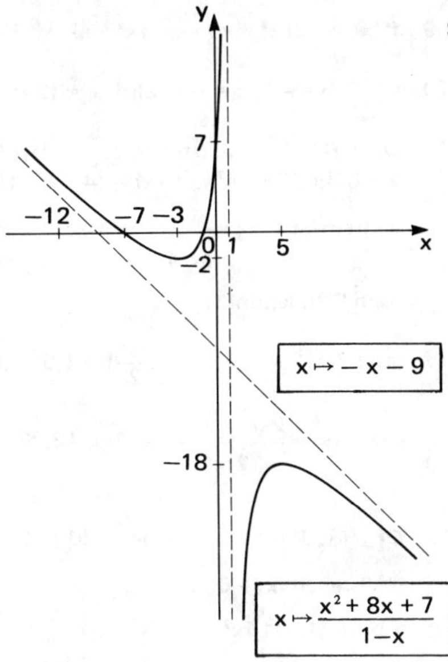


Fig. 12.19

7. $D_f = \mathbb{R} \setminus \{-1{,}5\}$, $W_f = \mathbb{R} \setminus \{2\}$; Pol bei $x_1 = -1{,}5$; Nullstelle $x_2 = 1{,}25$ ; Asymptoten $x = -1{,}5$ und $y = 2$; $f'(x) = 22\,(2x+3)^{-2}$, $f''(x) = -88\,(2x+3)^{-3}$; keine Extremwerte, kein Wendepunkt; Tangente in $P(4\,;1)$: $2x - 11y + 3 = 0$ mit $f'(4) = \frac{2}{11}$ ; $f(x) > 4$ für $x \in ]-4{,}25\,;-1{,}5[$, s. Fig. 12.20 .

8. $D_f = \mathbb{R}$ ; $W_f = \mathbb{R}_0^+$, zweifache Nullstelle $x_1 = 0$, Asymptote $y = 4$ ; $f'(x) = 24x(x^2+3)^{-2}$, $f''(x) = 72(1-x^2)\,(x^2+3)^{-3}$; Minimum $(0\,;0)$, Wendepunkt $(\pm 1\,;1)$, $f'(3) = 0{,}5$ ; Tangente in $(3\,;3)$: $x - 2y + 3 = 0$ ; s. Fig. 12.21 .

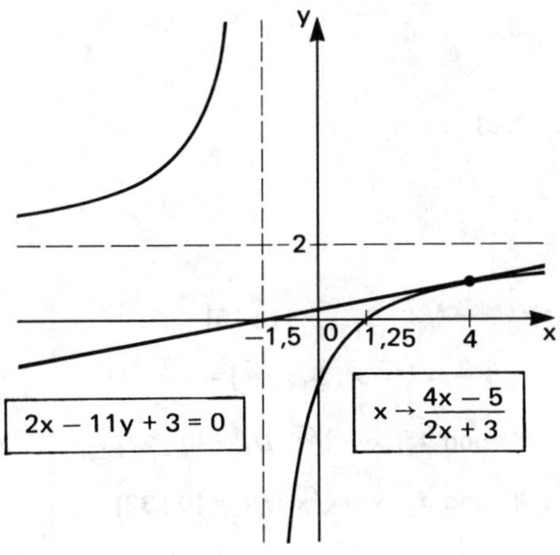


Fig. 12.20

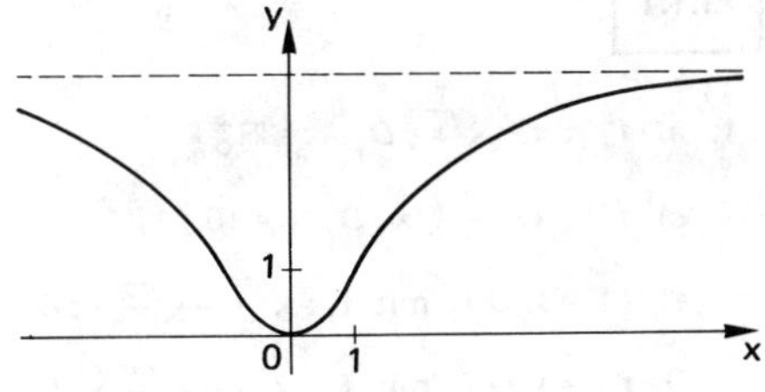


Fig. 12.21

**S. 272** 9. $f'(x) = -2(x^2 + xb - a)\,(x^2 + a)^{-1}$, $f'(2) = 0$ und $f'(-8) = 0$, also $a = 16, b = 6$.

10. $a = 2, b = -2, c = -4$, also $y = (2x^2 - 2)\,(x^2 - 4)^{-1}$.

11. $D_f = \mathbb{R} \setminus \{0\}$, Nullstelle $x_1 = -(2a)^{-1}$, Pol 2. Ordnung bei $x_2 = 0$, Asymptoten $x = 0$ und $y = a^2x$; $f'(x) = (4a^3x^3 - 1)\,(4ax^3)^{-1}$, $f''(x) = 0{,}75\,(ax^4)^{-1}$;

Extremwert $x_3 = \dfrac{1}{a\sqrt[3]{4}}$, Max für $a < 0$, Min für $a > 0$,

kein Wendepunkt;

$\tan 56{,}31° \approx 1{,}5 \Rightarrow f'(-\frac{1}{2a}) = 1{,}5 \Rightarrow a = \pm 0{,}5\sqrt{2}$,

also $f(x) = \dfrac{2\sqrt{2}x^3 \pm 1}{4\sqrt{2}\,x^2}$; s. Fig. 12.22.

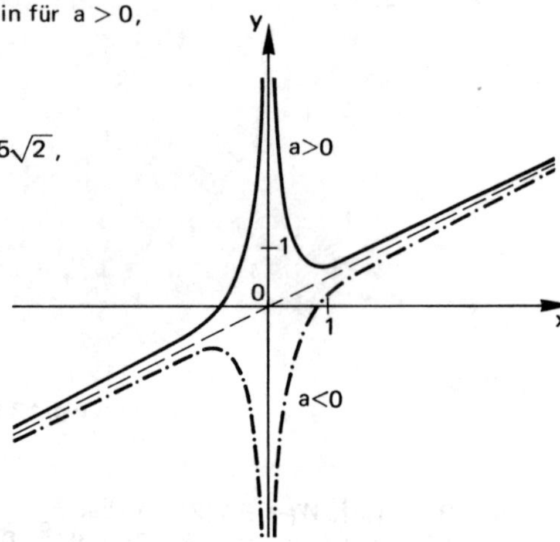


Fig. 12.22

12. $D_f = \mathbb{R}$, Punktsymmetrie zu $(0\,;0)$,

Nullstellen $x_1 = 0$ und $x_{2/3} = \pm\sqrt{5}$;

$f'(x) = (15 - 14x^2 - x^4)\,(x^2 + 3)^{-2}$,

$f''(x) = 16x(x^2 - 9)\,(x^2 + 3)^{-3}$;

Min $(-1\,;-1)$, Max $(1\,;1)$,

$WP_1\,(0\,;0)$, $WP_2\,(-3\,;1)$, $WP_3\,(3\,;-1)$,

Asymptote $y = -x$; Punkte mit größtem Abstand von den Asymptoten

$(\pm\sqrt{3}\,;\,\pm\frac{1}{3}\sqrt{3})$; s. Fig. 12.23.

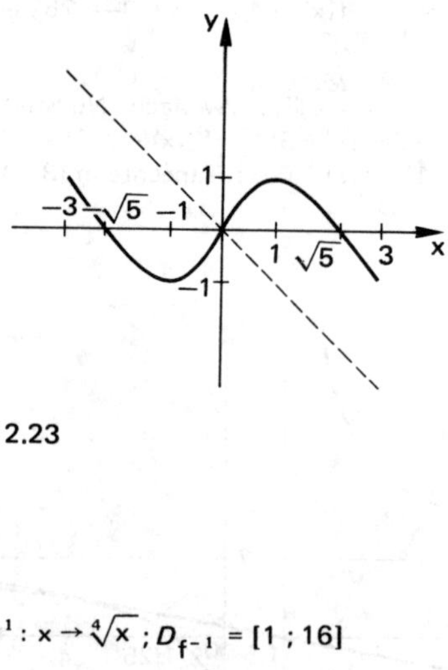


Fig. 12.23

**13.1.1.**

**S. 275** 1. a) $f^{-1}: x \to \sqrt[5]{x}\,;\, D_{f^{-1}} = \mathbb{R}_0^+$  b) $f^{-1}: x \to \sqrt[4]{x}\,;\, D_{f^{-1}} = [1\,;16]$

c) $f^{-1}: x \to -\sqrt[6]{x}\,;\, D_{f^{-1}} = [0\,;1]$  d) $f^{-1}: x \to -\sqrt[5]{-x}\,;\, D_{f^{-1}} = ]-\infty\,;-1]$

e) $f^{-1} = f_1 \cup f_2$ mit $f_1: x \to -\sqrt[3]{-x}\,;\, D_{f_1} = [-8\,;0[$ und $f_2: x \to \sqrt[3]{x}\,;\, D_{f_2} = [0\,;27]$

f) $f^{-1} = f_1 \cup f_2$ mit $f_1: x \to -\sqrt[5]{-x}\,;\, D_{f_1} = [-1\,;0[$ und $f_2: x \to \sqrt[5]{x}\,;\, D_{f_2} = [0\,;32]$

2. a) $J_1 = ]-\infty\,;0]\,;\, f^{-1}: x \to -\sqrt{x+4}$

$J_2 = [0\,;\infty[\,;\, f^{-1}: x \to \sqrt{x+4}$

b) $J_1 = ]-\infty\,;2]\,;\ f^{-1}: x \to -\sqrt{x}+2$

$J_2 = [2\,;\infty[\,;\ f^{-1}: x \to \sqrt{x}+2$

c) $J_1 = ]-\infty\,;-2]\,;\ f^{-1}: x \to -\sqrt{1-3x}-2$

$J_2 = [-2\,;\infty[\,;\ f^{-1}: x \to \sqrt{1-3x}-2$

d) Wegen $x^3-6x^2+12x-7=(x-2)^3+1$ ist der zu f gehörende Graph die kubische Normalparabel, wobei der Wendepunkt von $(0\,;0)$ nach $(2\,;1)$ verschoben worden ist. f ist also streng monoton wachsend für alle $x \in \mathbb{R}$. $f^{-1} = f_1 \cup f_2$ mit $f_1$: $x \to -\sqrt[3]{-(x-1)}+2$ für $x<1$ und $f_2: x \to \sqrt[3]{x-1}+2$ für $x \geqslant 1$.

e) $G_f$ ist symmetrisch zur y-Achse; f hat die Extremwerte $E_1\,(0\,;4)$, $E_2\,(-\frac{1}{2}\sqrt{10}\,;-\frac{9}{4})$, $E_3\,(\frac{1}{2}\sqrt{10}\,;-\frac{9}{4})$.

$J_1 = ]-\infty\,;-\frac{1}{2}\sqrt{10}]\,;\ f^{-1}: x \to -\sqrt{\sqrt{x+\frac{9}{4}}+\frac{5}{2}}$

$J_2 = [\frac{1}{2}\sqrt{10}\,;\infty[\,;\ f^{-1}: x \to \sqrt{\sqrt{x+\frac{9}{4}}+\frac{5}{2}}$

f) $G_f$ ist symmetrisch zur y-Achse; f hat die Extremwerte $E_1\,(0\,;0)$, $E_2\,(-2\,;16)$, $E_3\,(2\,;16)$.

$J_1 = ]-\infty\,;-2]\,;\ f^{-1}: x \to -\sqrt{\sqrt{16-x}+4}$

$J_2 = [2\,;\infty[\,;\ f^{-1}: x \to \sqrt{\sqrt{16-x}+4}$

3. a) $D_f = W_f = \mathbb{R}_0^+$ ; s. Fig. 13.1

b) $D_f = \{x \mid x \geqslant -2\}$, $W_f = \mathbb{R}_0^+$ ; s. Fig. 13.2

c) $D_f = \mathbb{R}_0^+$, $W_f = \{y \mid y \geqslant 2\}$ ; s. Fig. 13.3

d) $D_f = \{x \mid x \geqslant 3\}$, $W_f = \mathbb{R}_0^+$ ; s. Fig. 13.4

e) $D_f = W_f = \mathbb{R}_0^+$ ; s. Fig. 13.5

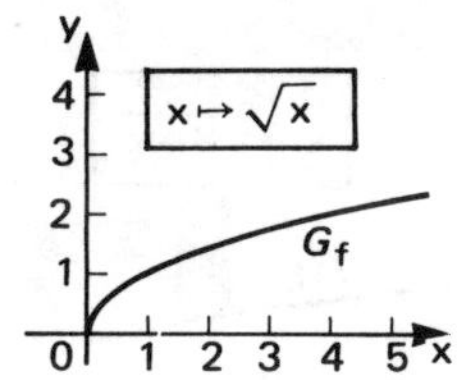

Fig. 13.1

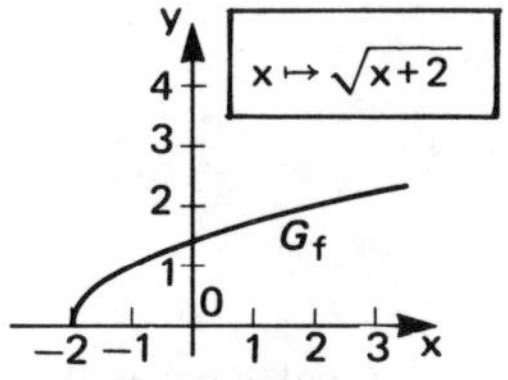

Fig. 13.2

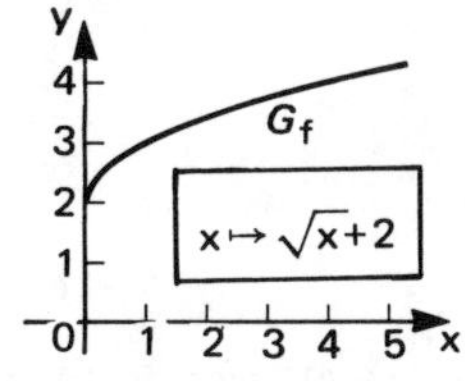

Fig. 13.3

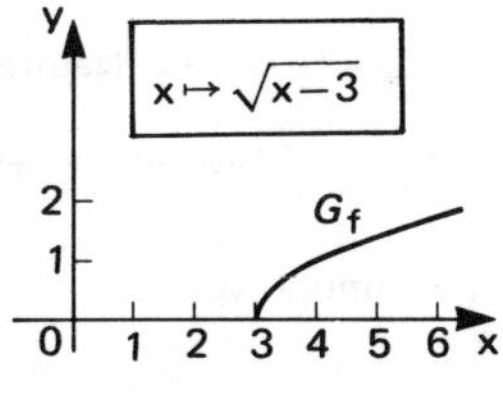

Fig. 13.4

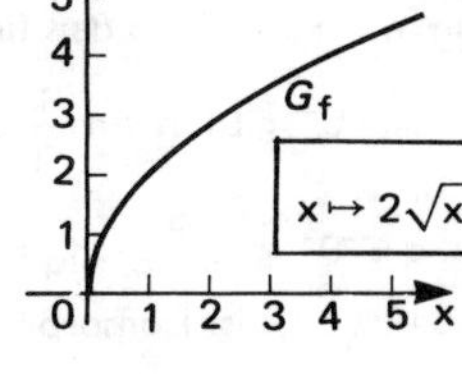

Fig. 13.5

**S. 275** f) $D_f = W_f = \mathbb{R}_0^+$ ; s. Fig. 13.6

g) $D_f = \{x \mid x \geqq -4\}$, $W_f = \mathbb{R}_0^-$ ; s. Fig. 13.7

h) $D_f = \{x \mid x \leqq 1\}$, $W_f = \mathbb{R}_0^+$ ; s. Fig. 13.8

i) $D_f = \{x \mid x \geqq -2\}$, $W_f = \mathbb{R}_0^+$ ; s. Fig. 13.9

k) $D_f = \{x \mid x \leqq 8\}$, $W_f = \mathbb{R}_0^+$ ; s. Fig. 13.10

l) $D_f = \{x \mid x \leqq -1\}$, $W_f = \mathbb{R}_0^+$ ; s. Fig. 13.11

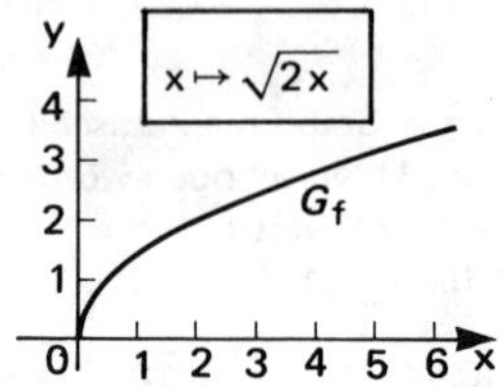

Fig. 13.6

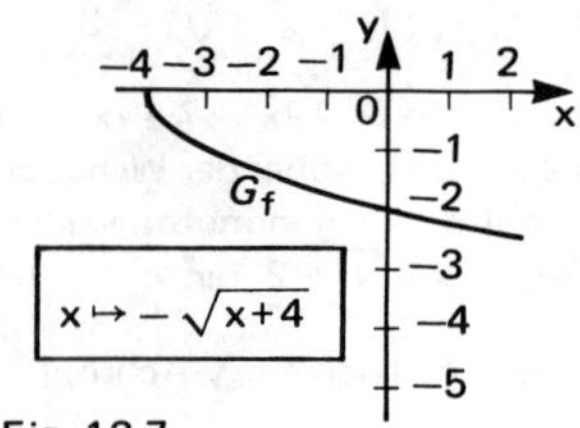

Fig. 13.7

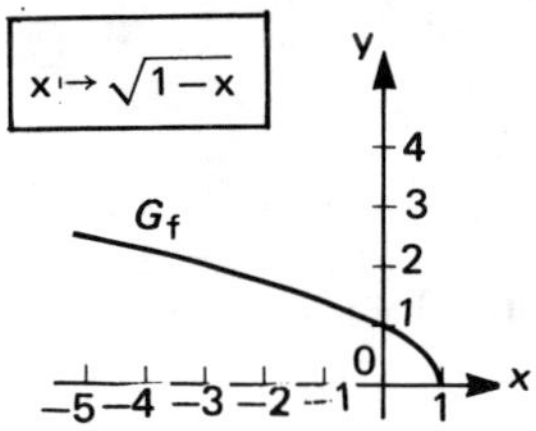

Fig. 13.8

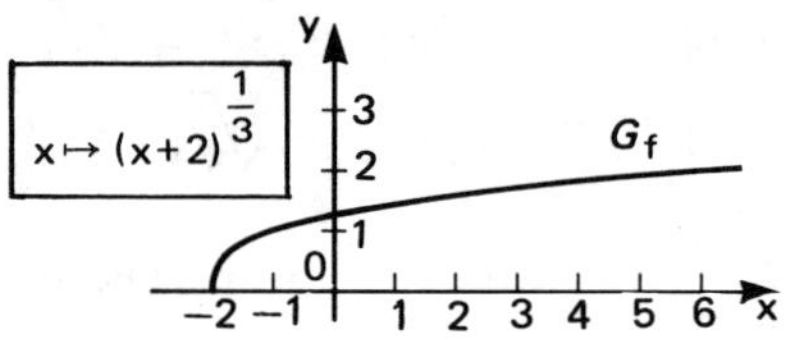

Fig. 13.9

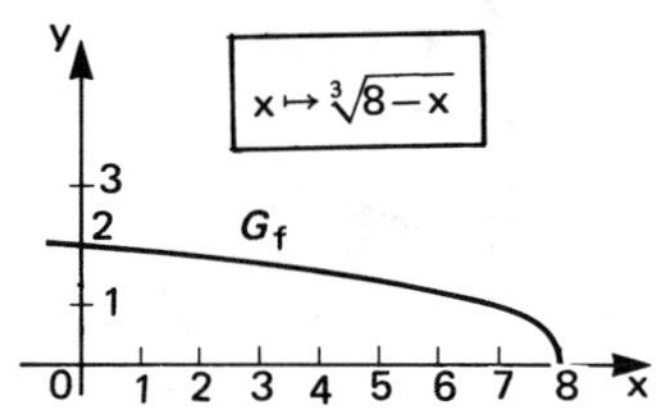

Fig. 13.10

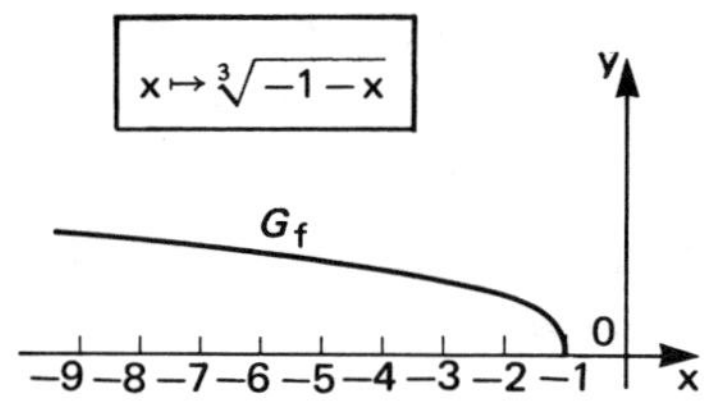

Fig. 13.11

**13.1.2.**

**S. 277** 1. Für alle $p, q \in \mathbb{Q}^+$ gilt: $f_q \circ f_p = f_{q \cdot p} \in G$ (innere Verknüpfung), da $qp \in \mathbb{Q}^+$.

Für alle $p, q, r \in \mathbb{Q}^+$ gilt: $f_q \circ (f_p \circ f_r) = (f_q \circ f_p) \circ f_r$ (Assoziativgesetz), da in $\mathbb{Q}^+$ das Assoziativgesetz gilt.

Es gibt ein $n = 1 \in \mathbb{Q}^+$, so daß für alle $q \in \mathbb{Q}^+$ gilt: $f_1 \circ f_q = f_{q \cdot 1} = f_q$ (Neutrales Element).

Zu jedem $q \in \mathbb{Q}^+$ gibt es ein $\frac{1}{q} \in \mathbb{Q}^+$, so daß gilt: $f_{\frac{1}{q}} \circ f_q = f_1$ (Inverse Elemente).

Für alle $p, q \in \mathbb{Q}^+$ gilt: $f_p \circ f_q = f_{pq} = f_{qp} = f_q \circ f_p$ (Kommutativgesetz).

Die Gruppe $(G\,;\circ)$ ist isomorph zur Gruppe $(\mathbb{Q}^+\,;\cdot)$.

2. $x^r$ braucht nur noch für $r \in \mathbb{R}^+ \setminus \mathbb{Q}^+$ definiert zu werden. **S. 277**
Jede irrationale Zahl r läßt sich durch eine Intervallschachtelung mit rationalen Grenzen darstellen. $I_1 \supset I_2 \supset \ldots \supset I_n \supset \ldots$ sei eine solche Darstellung. Weiter gelte $I_k = [a_{k1}; a_{k2}]$ mit $a_{kl} \in \mathbb{Q}^+$ für $k \in \mathbb{N}$ und $l \in \{1; 2\}$.

Dann gilt: $x^r \in [x^{a_{11}}; x^{a_{12}}] = I^1$

$x^r \in [x^{a_{21}}; x^{a_{22}}] = I^2$ 2. Monotoniegesetz für Potenzen

...

$x^r \in [x^{a_{n1}}; x^{a_{n2}}] = I^n$

...

Wegen $x^{a_{k1}} < x^r < x^{a_{k2}}$ für alle k bilden die $I^k$ eine Intervallschachtelung für $x^r$, da sowohl $I^1 \supset I^2 \supset \ldots \supset I^n \supset \ldots$ erfüllt ist als auch die Intervallängen wegen $x^{a_{k2}} - x^{a_{k1}} = x^{a_{k1}}(x^{b_k} - 1)$ mit $b_k \in ]0; 1[$ und $b_k \in \mathbb{Q}^+$ eine Nullfolge bilden. Damit ist die allgemeine Potenzfunktion $x \to x^r$ für $r \in \mathbb{R}$ und $x \in \mathbb{R}^+$ definiert.

3. a) $D_f = \{x \mid x \leqslant 8\} \setminus \{0\}$ b) $D_f = \{x \mid x \geqslant 2\}$

c) $D_f = \{x \mid 3 \leqslant x < 4\}$ d) $D_f = \{x \mid |x| < 1\} \cup \{x \mid |x| \geqslant 2\}$

e) $D_f = \mathbb{R}^+$ f) $D_f = \{x \mid |x| \geqslant \sqrt{2}\}$

g) $D_f = \{x \mid 2k\pi < x < (2k+1)\pi \wedge k \in \mathbb{Z}\}$

h) $D_f = \{x \mid x \geqslant 1\}$

## 13.1.3.

1. Man beachte die Hinweise zur Definition der Potenzfunktion auf Seite 276, Mitte! **S. 279**

a) $f'(x) = \frac{2}{5} x^{-\frac{3}{5}}; D_{f'} = \mathbb{R}^+$

b) $f'(x) = \frac{1}{2}(x+1)^{-\frac{1}{2}}; D_{f'} = \{x \mid x > -1\}$

c) $f'(x) = -\frac{1}{2}(-x)^{-\frac{1}{2}}; D_{f'} = \{x \mid x < 0\}$

d) $f'(x) = -\frac{1}{3}(2-x)^{-\frac{2}{3}}; D_{f'} = \{x \mid x < 2\}$

e) $f'(x) = x(x^2-1)^{-\frac{1}{2}}; D_{f'} = \{x \mid |x| > 1\}$

f) $f'(x) = \frac{3}{2}(x-1)^{\frac{1}{2}}; D_{f'} = \{x \mid x \geqslant 1\}$

g) $f'(x) = \frac{1}{2}\cos x\,(\sin x)^{-\frac{1}{2}}; D_{f'} = \{x \mid 0 < x < \pi\}$

S. 279 h) $f'(x) = \frac{1}{2}(\cos x - x\sin x)(x\cos x)^{-\frac{1}{2}}$; $D_{f'} = \{x \mid 0 < x < \frac{\pi}{2}\} \cup \{x \mid \frac{3}{2}\pi < x < 2\pi\}$

i) $f'(x) = \dfrac{2x+1}{2\sqrt{(x-1)(x+2)}}$; $D_{f'} = \{x \mid x < -2\} \cup \{x \mid x > 1\}$

k) $f'(x) = -\dfrac{1}{3(x-1)^2}\sqrt[3]{\left(\dfrac{x-1}{x}\right)^2}$; $D_{f'} = \{x \mid x < 0\} \cup \{x \mid x > 1\}$

l) $f'(x) = -\frac{1}{2}x^{-\frac{1}{3}}$; $D_{f'} = \mathbb{R}^+$

m) $f'(x) = -\frac{2}{3}(x+1)^{-\frac{3}{5}}$; $D_{f'} = \{x \mid x > -1\}$

n) $f'(x) = 3x(1-x^2)^{-\frac{5}{2}}$; $D_{f'} = \{x \mid |x| < 1\}$

o) $f'(x) = \dfrac{x+3}{2(x+1)\sqrt{x+1}}$; $D_{f'} = \{x \mid x > -1\}$

p) $f'(x) = (x^2 - a^2)^{-\frac{1}{2}}$; $D_{f'} = \{x \mid |x| > |a|\}$, falls $a \neq 0$, sonst $D_{f'} = \mathbb{R}^+$

q) $f'(x) = (a^2 + x^2)^{\frac{1}{2}}$; $D_{f'} = \mathbb{R}$

2. $\dfrac{d}{dx}(x^r) = r\,\dfrac{1}{x}\,e^{r\ln x} = r\,x^r\,\dfrac{1}{x} = r\,x^{r-1}$, da die Potenzgesetze für alle $r \in \mathbb{R}$ und $x \in \mathbb{R}^+$ gelten

3. $G_{f_a}$ und $G_{g_a}$ liegen symmetrisch zur y-Achse. Schnittpunkte existieren nur für $a > 0$.

$$A = 2\int_0^{\sqrt{\frac{a}{a^2+1}}} \left[-ax^2 + 1 - \frac{x^2}{a}\right]dx = \frac{4}{3}\sqrt{\frac{a}{a^2+1}}\ ;\ D_A = \mathbb{R}^+.$$

$\lim\limits_{a\to 0} A = 0$; $\lim\limits_{a\to\infty} A = 0$. Maximum $E(1\ ;\ \frac{2}{3}\sqrt{2})$.

4. $f'(x) = \frac{1}{2}x^{-\frac{1}{2}}x^{\frac{2}{3}} + \frac{2}{3}x^{\frac{1}{2}}x^{-\frac{1}{3}} = \frac{7}{6}x^{\frac{1}{6}}$

5. $$f'(x) = \begin{cases} x-2\ ; & x \in\ ]-\infty\ ;1[ \\ -1\ ; & x \in [1\ ;\infty[ \end{cases}$$

s. Fig. 13.12

$\lim\limits_{x\to 1-0}(x-2) = \lim\limits_{x\to 1+0}(-1) =$

$f'(1) = -1$,

d. h. f ist differenzierbar in $\mathbb{R}$.

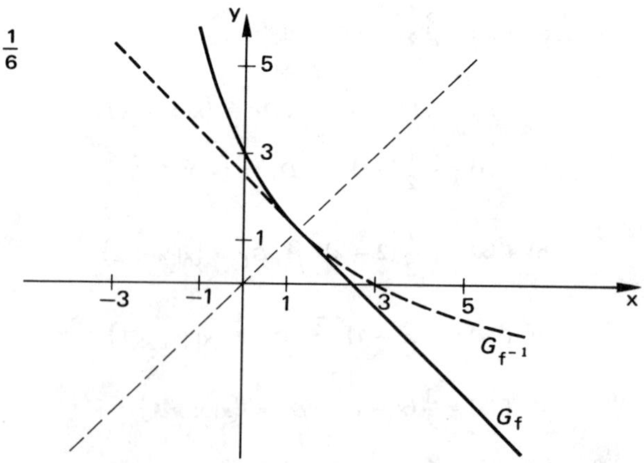


Fig. 13.12

$$f^{-1}(x) = \begin{cases} \frac{5}{2} - x\,; & x \in \left]-\infty\,;\frac{3}{2}\right] \\ 2 - \sqrt{2x-2}\,; & x \in \left]\frac{3}{2}\,;\infty\right[ \end{cases}$$ S. 279

$$(f^{-1})'(x) = \begin{cases} -1\,; & x \in \left]-\infty\,;\frac{3}{2}\right] \\ -(2x-2)^{-\frac{1}{2}}\,; & x \in \left]\frac{3}{2}\,;\infty\right[ \end{cases}$$

6. a) $D_f = \{x \mid -2 \leq x \leq 1\}$ b) $W_f = \{y \mid 0 \leq y \leq \frac{3}{2}\}$

c) I. $M_1 = [-2\,;-\frac{1}{2}]\,;\ f_1^{-1}(x) = -\frac{1}{2} - \sqrt{\frac{9}{4} - x^2}$

II. $M_2 = [-\frac{1}{2}\,;1]\,;\ f_2^{-1}(x) = -\frac{1}{2} + \sqrt{\frac{9}{4} - x^2}$

d) $f_2^{-1}$ und f haben ein Wertepaar gemeinsam, für das gilt $x = \sqrt{(1-x)(x+2)}$,

d. h. $x_P = y_P = -\frac{1}{4} + \sqrt{\frac{17}{16}}$.

7. a) Nach dem Kosinussatz gilt: $y = \sqrt{r^2 + (r+h)^2 - 2r(r+h)\cos x}$.

b) Ansatz: $t : U = x : 2\pi$, d. h. $x = \frac{2\pi}{U} \cdot t$

c) $$y = \frac{2\pi\, r(r+h) \sin \frac{2\pi}{U}t}{U\sqrt{r^2 + (r+h)^2 - 2r(r+h)\cos\frac{2\pi}{U}t}}$$ S. 280

8. a) $\frac{3}{4}x^{\frac{4}{3}} + C$ b) $\frac{2}{5}x^{\frac{5}{2}} - \frac{2}{3}x^{\frac{3}{2}} + C$ c) $\frac{5}{2}x^{\frac{2}{5}} + C$

9. a) $\left[\frac{2}{5}x^{\frac{5}{2}}\right]_0^1 = \frac{2}{5}$ b) $\left[\frac{3}{7}x^{\frac{7}{3}}\right]_1^8 = \frac{381}{7} = 54 + \frac{3}{7}$

c) $\left[2x^{\frac{1}{2}} - \frac{2}{3}x^{\frac{3}{2}}\right]_4^9 = -\frac{32}{3}$ d) $\left[x + \frac{4}{3}x^{\frac{3}{2}} + \frac{1}{2}x^2\right]_4^0 = -\frac{68}{3} = -22 - \frac{2}{3}$

## 13.2

1. a) $y'x + y = 0\,;\ y' = -x^{-2}$ S. 282

b) $2yy' - 2x = 0\,;\ y' = \frac{x}{\sqrt{x^2+1}}$

c) $y'(3y^2x^2 + 3y^2) + 4x^3y^3 = 0\,;\ y' = -\frac{4}{3}\,\frac{x^3}{\sqrt[3]{(x^2+1)^4}}$

d) $2(y-1)y' + 2x - 2 = 0\,;\ y' = \frac{1-x}{\sqrt{2x-x^2}}$

**S. 282** e) $(x^2 - 2)y' + 2xy - 1 = 0$ ; $y' = -\dfrac{x^2 - 2x + 2}{(x^2 - 2)^2}$

f) $2yy'(1 + x^2) + 2xy^2 = 0$ ; $y' = -\dfrac{2x}{(1 + x^2)\sqrt{1 + x^2}}$

g) $2yy'(e^x - 1) + y^2 e^x - 18(x - 1) = 0$ ; $y' = \dfrac{3}{2}\,\dfrac{e^x(3 - x) - 2}{(e^x - 1)\sqrt{e^x - 1}}$

2. a) $f_1(x) = 2\sqrt{x}$, $f_2(x) = -2\sqrt{x}$ ; $2yy' - 4 = 0$ ;
nicht differenzierbar für $x_0 = 0$.
s. Fig. 13.13

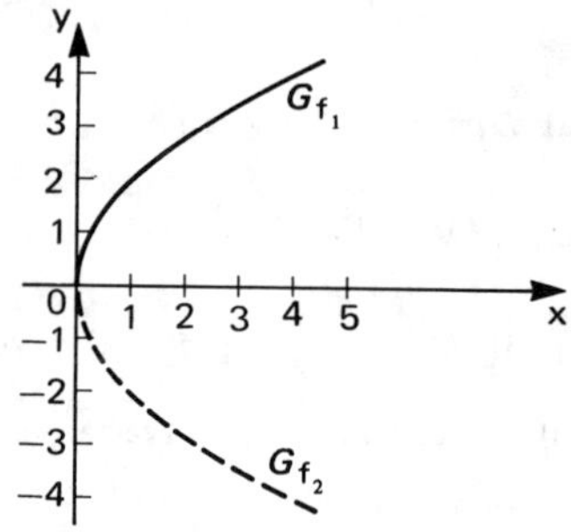

Fig. 13.13

b) $f_1(x) = \sqrt{9 - x^2}$, $f_2(x) = -\sqrt{9 - x^2}$ ;
$x + yy' = 0$, nicht differenzierbar für $x_1 = 3$
oder $x_2 = -3$. s. Fig. 13.14

c) $f_1(x) = \sqrt{9 - (x-4)^2} + 3$, $f_2(x) = -\sqrt{9 - (x-4)^2} + 3$; $x - 4 + (y - 3)y' = 0$; nicht differenzierbar für $x_1 = 1$ oder $x_2 = 7$. s. Fig. 13.15

d) $f_1(x) = x$, $f_2(x) = -x$ ; $x - yy' = 0$; in $\mathbb{R}$ differenzierbar. s. Fig. 13.16

e) $f_1(x) = 4x$, $f_2(x) = -x$ ; $y'(2y - 3x) - 3y - 8x = 0$; in $\mathbb{R}$ differenzierbar. s. Fig. 13.17

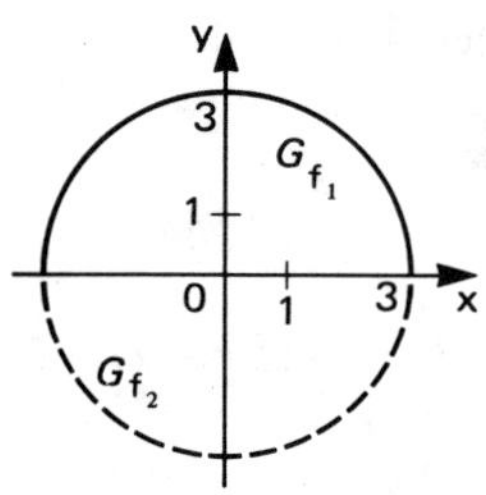

Fig. 13.14

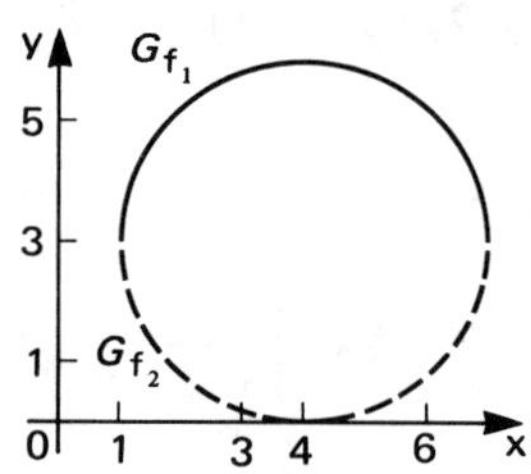

Fig. 13.15

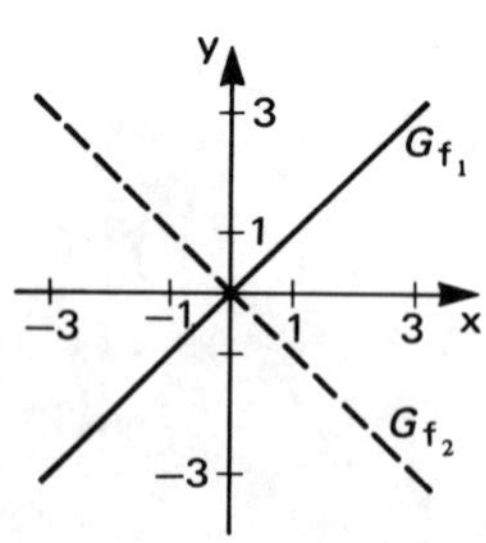

Fig. 13.16

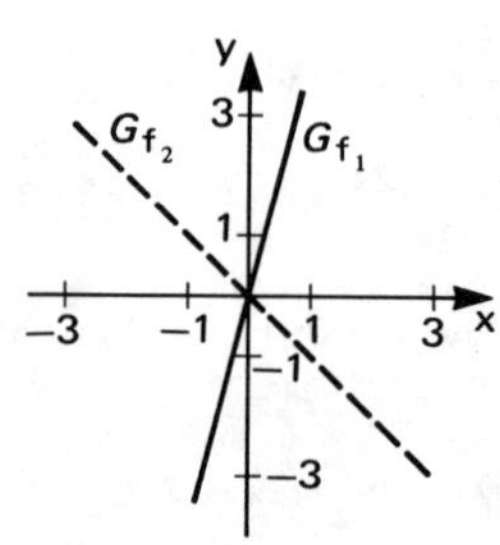

Fig. 13.17

f) $f_1(x) = x$, $f_2(x) = 0$ ; $(2y - x)y' - y = 0$; in IR differenzierbar. s. Fig. 13.18 **S. 282**

g) $f_1(x) = -x$, $f_2(x) = -x + 1$ ;
$y'(2x + 2y - 1) = -2x - 2y + 1$;
in IR differenzierbar.
s. Fig. 13.19

h) $f_1(x) = \sqrt{x+4} + 2$, $f_2(x) = -\sqrt{x+4} + 2$ ;
$(2y - 4)y' - 1 = 0$; nicht differenzierbar
für $x_0 = -4$. s. Fig. 13.20

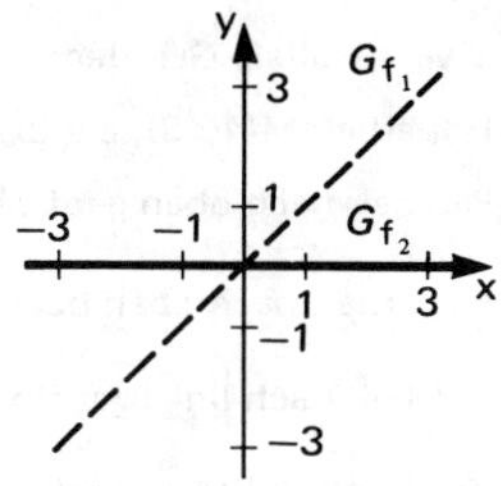


Fig. 13.18

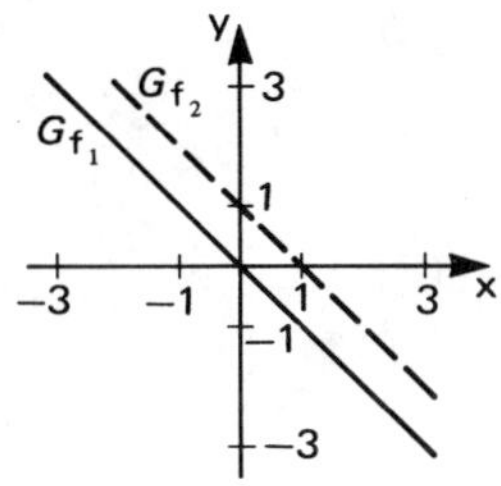


Fig. 13.19

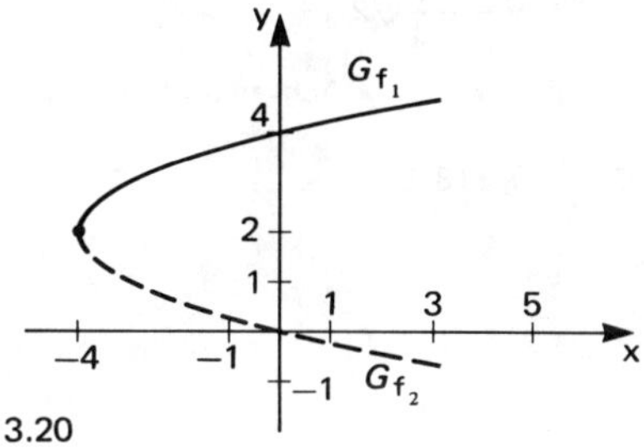


Fig. 13.20

3. Aus $y = f(x)$ folgt, sofern $f^{-1}$ existiert, $x - f^{-1}(f(x)) = 0$; also $1 - \frac{d}{dx} f^{-1}(f(x)) \frac{d}{dx} f(x) = 0$,
d. h. zum Beispiel $(f^{-1})'(y_0) = \frac{1}{f'(x_0)}$ unter Beachtung der in Satz 3 ( § 10.2)
ausgesprochenen Einschränkungen.

4. a) $y'(1 + 2y) - 1 = 0$; ein Wertepaar ist z. B. $(0 ; 0)$ ; $y'(0) = 1$.
   b) $R = \{(0 ; 0)\}$; $x + yy' = 0$; es existiert keine Stelle der geforderten Art.
   c) $R = \emptyset$ ; es existiert kein Zahlenpaar der geforderten Art.
   d) $y'(1 + 4y^3) - 2x + 3 = 0$; ein Paar ist z. B. $(0 ; -1)$ ; $y'(0) = 1$.

## 13.3.2.

1. a) Ellipse; $M(-3 ; 3)$, $a = 3$, $b = 5$. **S. 293**
   b) Hyperbel; $M(4 ; 0)$, $a = b = 2$.
   c) Parabel, nach rechts geöffnet; $S(12 ; 2)$, $p = 4$.
   d) Parabel, nach oben geöffnet; $S(5 ; -9)$, $p = \frac{4}{7}$.
   e) Hyperbel; $M(5 ; -4)$, $a = 7$, $b = 10$.
   f) Ellipse; $M(-4 ; 0)$, $a = 3$, $b = 1$.
   g) Ellipse; $M(4 ; 2)$, $a = 3$, $b = 4$.

**S. 293** h) Parabel, nach links geöffnet; $S(-5; -3)$, $p = -3$.

i) Hyperbel, nach oben bzw. unten geöffnet; $M(-5; -2)$, $a = 3$, $b = 4$.

k) Zwei parallele Geraden; $x = -1$ oder $x = 2$.

l) Hyperbel; $M(4 ; 3)$, $a = 3\sqrt{2}$ , $b = 2$.

m) Parabel, nach oben geöffnet; $S(0 ; -4)$, $p = \frac{1}{2}$.

n) Hyperbel, nach oben bzw. unten geöffnet; $M(-5 ; 3)$, $a = b = \frac{9}{2}$.

o) Parabel, nach links geöffnet; $S(8 ; 0)$, $p = -1$.

p) Zwei sich in $P(4 ; 3)$ schneidende Geraden; $y = \frac{1}{3}\sqrt{2}\,x - \frac{4}{3}\sqrt{2} + 3$ oder $y = -\frac{1}{3}\sqrt{2}\,x + \frac{4}{3}\sqrt{2} + 3$.

q) Zwei zur x-Achse parallele Geraden; $y = -2$ oder $y = 4$.

2. s. Fig. 13.21

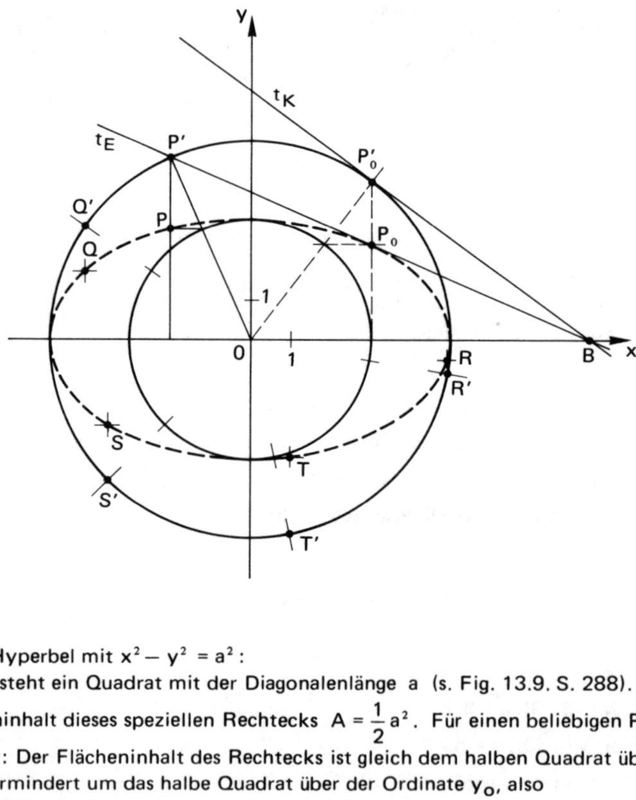


Fig. 13.21

3. Gleichseitige Hyperbel mit $x^2 - y^2 = a^2$:
Für $y = 0$ entsteht ein Quadrat mit der Diagonalenlänge $a$ (s. Fig. 13.9. S. 288). Also ist der Flächeninhalt dieses speziellen Rechtecks $A = \frac{1}{2}a^2$. Für einen beliebigen Punkt $P(x_o ; y_o)$ gilt: Der Flächeninhalt des Rechtecks ist gleich dem halben Quadrat über der Abszisse $x_o$ vermindert um das halbe Quadrat über der Ordinate $y_o$, also

$A = \frac{1}{2}x_o^2 - \frac{1}{2}y_o^2 = \frac{1}{2}a^2$.

Beliebige Hyperbel: Es gilt $y_o : x_o = b : a$. Also $A = \frac{1}{2}\,\frac{b}{a}\,x_o^2 - \frac{1}{2}\,\frac{a}{b}\,y_o^2$.

Das Rechteck wird zum Parallelogramm. Wegen $\frac{b}{a}x^2 - \frac{a}{b}y^2 = ab$ folgt $A = \frac{1}{2}$ ab.

## 13.3.3.

S. 299

1. a) Durch p ist die Länge der Strecke $\overline{L_oF}$ festgelegt. Parallel zur y-Achse (Mittelsenkrechte der Strecke $\overline{L_oF}$) werden im 1. und 4. Quadranten verlaufende Geraden gezeichnet; ihr Schnittpunkt mit der x-Achse bestimmt mit $L_o$ eine Streckenlänge, mit der als Radius jeweils der Kreis um F geschlagen wird. Dieser Kreis schneidet die zugehörige Gerade der Parallelenschar in zwei Punkten, die auf der Parabel liegen.

   So ist z. B. $\overline{L_oQ} = r = s$ (Parabeldefinition).

   b) Man wendet das unter a) beschriebene Verfahren an mit der Abänderung, daß der verwendete Kreisradius zur festgelegten Streckenlänge im Verhältnis $\epsilon : 1$ steht.

2. Aus $\sqrt{(x+e)^2 + y^2} + \sqrt{(e-x)^2 + y^2} = 2a$ folgt durch zweimaliges Quadrieren

   $\frac{x^2}{a^2} + \frac{y^2}{a^2 - e^2} = 1$. Wegen $a^2 - e^2 = b^2$ ist das eine Ellipse.

3. Aus $\sqrt{(x+e)^2 + y^2} - \sqrt{(x-e)^2 + y^2} = 2a$ folgt durch zweimaliges Quadrieren

   $\frac{x^2}{a^2} + \frac{y^2}{a^2 - e^2} = 1$. Wegen $a^2 - e^2 = -b^2$ ist das eine Hyperbel.

   Für $a = 0$ ergibt sich die Mittelsenkrechte der Strecke $\overline{F_1 F_2}$ ; d. h. $x = 0$.

4. a) Ellipse: Einsetzen der Koordinaten von $F_1\,(a - e\,;0)$ liefert $y_F^2 = p^2$,

   d. h. $|y_F| = p$.

   Hyperbel: Einsetzen der Koordinaten von $F_2\,(e - a\,;0)$ liefert $y_F^2 = p^2$,

   d. h. $|y_F| = p$.

   Parabel: Einsetzen der Koordinaten von $F(\frac{p}{2}\,;0)$ liefert $y_F^2 = p^2$,

   d. h. $|y_F| = p$.

   In Fig. 13.18 (S. 298) ist $p = 2$. Die Gerade mit $y = 2$ schneidet die Kegelschnitte an den Stellen, die senkrecht über dem jeweiligen Brennpunkt F liegen. Die Brennpunkte der Kegelschnitte wandern also mit wachsendem $\epsilon$ vom Mittelpunkt des Kreises aus auf die y-Achse zu.

   b) Ellipse: $p = (a - e)\,(1 + \epsilon) = \frac{a^2 - e^2}{a} = \frac{b^2}{a}$

   Hyperbel: $p = (e - a)\,(1 + \epsilon) = \frac{e^2 - a^2}{a} = \frac{b^2}{a}$

5. Verschiebung des Koordinatenursprungs in den Scheitel des Kegelschnitts bewirkt keine Änderung der Streckenlänge $\overline{FD}$. Es gilt: $a - e = -e_o$ und $d - a = d_o$, d. h. $e - d = e_o - d_o$.

6. a) Im Brennpunkt $F(0\,;0)$ ist der Betrag der Ordinate gleich p, d. h. $p^2 = \epsilon^2\overline{d}^2 - \overline{e}^2$. Wegen $\overline{e} = 0$ folgt $p = \epsilon\overline{d}$. Also nach (1) $x^2(1 - \epsilon^2) + 2x\epsilon p + y^2 - p^2 = 0$.

**S. 299** b) Die Ordinate ist jeweils gleich p.
s. Fig. 13.22

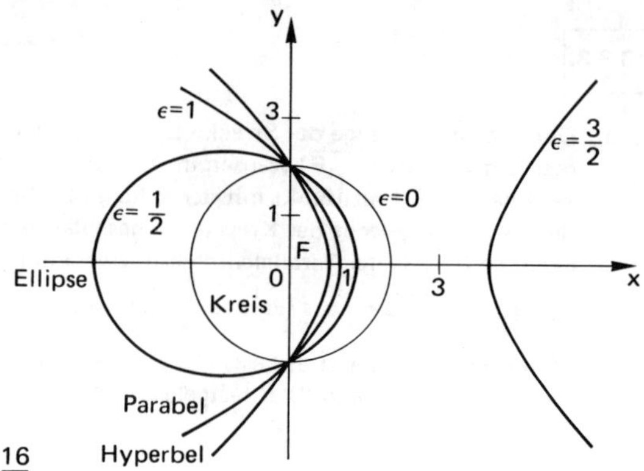


Fig. 13.22

**13.3.4**

**S. 301** 1. a) Ellipse, M(0 ; 0), a = 5, b = 4. $y_o = \frac{16}{5}$.
Tangentengleichung: $y = -\frac{3}{5}x + 5$
Normalengleichung: $y = \frac{5}{3}x - \frac{9}{5}$

b) Hyperbel, M(0 ; 0), a = 5, b = 4. Es existiert kein Punkt $P_o$ auf der Hyperbel mit $x_o = -3$. Die Aufgabe ist nicht lösbar!

c) Parabel, S(0 ; 0), nach unten geöffnet. $x_o = -12$.
Tangentengleichung: $y = \frac{4}{3}x + 8$
Normalengleichung: $y = -\frac{3}{4}x - 17$

2. a) Zwei Berührpunkte: $T_1(\frac{21}{5}; 4)$, $T_2(-\frac{21}{5}; -4)$. Tangentengleichungen:
$t_1: 15x + 28y - 175 = 0$, $t_2: 15x + 28y + 175 = 0$

b) Berührpunkt: $T(\frac{5}{4}; -2)$. Tangentengleichung: $t: 12x + 15y + 15 = 0$.

3. a) Gleichungen der Tangenten $P_oP_1$ und $P_oP_2$ aufstellen; mit ihrer Hilfe die Koordinaten des Schnittpunktes $P_o$ bestimmen. Man erhält die Beziehungen:
$x_o = \frac{(y_2 - y_1)a^2}{x_1y_2 - x_2y_1}$, $y_o = \frac{(x_2 - x_1)b^2}{y_1x_2 - y_2x_1}$. Mit Hilfe des Verhältnisses $(y_2 - y_1) : (x_2 - x_1) = m$ die Gleichung der Polaren ermitteln.

Wenn $P_o$ auf die Ellipse zu wandert, nähern sich $P_1$ und $P_2$. Fällt $P_o$ auf die Ellipse, so gilt $P_o = P_1 = P_2$; Polare und die zwei Tangenten fallen auf eine Gerade, die Tangente in $P_o$.

b) Verschiebung des Mittelpunktes (Scheitelpunktes) in den Koordinatenursprung liefert
$A(x + \frac{C}{2A})^2 + B(y + \frac{D}{2B})^2 + E - \frac{C^2}{4A} - \frac{D^2}{4B} = 0$. Die Polare für diesen nicht entarteten Kegelschnitt lautet nach 3. a):
$A(x + \frac{C}{2A})(x_o + \frac{C}{2A}) + B(y + \frac{D}{2B})(y_o + \frac{D}{2B}) + E - \frac{C^2}{4A} - \frac{D^2}{4B} = 0$.
Umformung liefert die Polarengleichung
$Axx_o + Byy_o + \frac{C}{2}(x + x_o) + \frac{D}{2}(y + y_o) + E = 0$.

4. a) Polarengleichung: p: $\frac{14}{5}x + \frac{4}{5}y - 4 = 0$.

Schnittpunkte mit der Ellipse: $T_1(\frac{6}{5}; \frac{4}{5})$, $T_2(\frac{8}{5}; -\frac{3}{5})$.

Tangentengleichungen: $t_1: \frac{6}{5}x + \frac{16}{5}y - 4 = 0$, $t_2: \frac{8}{5}x - \frac{12}{5}y - 4 = 0$.

b) Polarengleichung: p: $x = 2$.
Schnittpunkte mit der Hyperbel: $T_1(2; 1)$, $T_2(2; -1)$.
Tangentengleichungen: $t_1: x - y - 1 = 0$, $t_2: x + y - 1 = 0$.

4. c) Polarengleichung: p: $2x - y - 6 = 0$.

Schnittpunkte mit der Parabel: $T_1(6; 6)$, $T_2(\frac{3}{2}; -3)$.

Tangentengleichungen: $t_1: -x + 2y - 6 = 0$, $t_2: x + y + \frac{3}{2} = 0$.

5. a) Steigung der Parabeltangenten durch $P_o$: $m_t = \tan\alpha = \frac{p}{y_o}$

Steigung der Geraden $FP_o$: $m_g = \tan\beta = \frac{2y_o}{2x_o - p}$.

Weiter gilt: $\tan\gamma = \tan(\beta - \alpha) = \frac{\tan\beta - \tan\alpha}{1 + \tan\alpha\tan\beta} = \frac{p}{y_o}$.

Spezialfälle: I. $y_o = 0$, d. h. $\alpha = \gamma = 90°$; II. $x_o = \frac{p}{2}$, d. h. $\alpha = \gamma = 45°$.

b) Rotation der Parabel um die x-Achse liefert ein Paraboloid. Der verspiegelte Hohlkörper heißt Parabolspiegel. Trifft Licht oder eine elektromagnetische Welle parallel zur x-Achse auf den Spiegel, so laufen die Strahlen nach Reflexion am Spiegel alle durch den Punkt F. In F ist damit eine hohe Energiedichte vorhanden (Brennpunkt).

6. a) Mit $\tan\alpha = \frac{b^2 x_o}{a^2 y_o}$, $\tan\beta_1 = \frac{y_o}{x_o - e}$, $\tan\beta_2 = \frac{y_o}{x_o + e}$ und dem Satz über die Außenwinkel eines Dreiecks erhält man:

$\tan\gamma_2 = \tan(\alpha + \beta_2) = \frac{b^2}{ey_o}$, $\tan\gamma_1 = -\tan(\alpha + \beta_1) = \frac{b^2}{ey_o}$.

b) Durch Rotation der Ellipse um die x-Achse entsteht ein Ellipsoid. Sämtliche von $F_1$ ausgehenden elektromagnetischen Wellen laufen nach Reflexion am Ellipsoid durch den Punkt $F_2$ (und umgekehrt). Im Punkt $F_1$ (bzw. $F_2$) ist die Energiedichte groß. $F_1$ und $F_2$ heißen deshalb Brennpunkte.

7. a) Mit $x = x_o$ erhält man: $y_o = -\frac{D}{2B} \pm \frac{1}{2B}\sqrt{D^2 - 4ABx_o^2 - 4BCx_o - 4BE}$.

Wenn der Radikand Null ist, dann gilt $2By_o + D = 0$.
Wenn $2By_o + D = 0$ gilt, dann ist der Radikand Null.

b) Mit $2By_o + D = 0$ erhält man aus der Tangentengleichung

$4ABxx_o + 4B\frac{C}{2}(x + x_o) + 4BE - D^2 = 0$, d. h. $x = x_o$ (Radikand aus 7. a))

S. 303 8. a) Gerade PT: $y - f(x_o) = f'(x_o)(x - x_o)$ ; $T(x_o - \frac{f(x_o)}{f'(x_o)} ; 0)$.

Gerade PN: $y - f(x_o) = -\frac{1}{f'(x_o)}(x - x_o)$ ; $N(x_o + f(x_o)f'(x_o) ; 0)$.

b) $f(x) = \sqrt{2px}$, also $t_S = 2x$, d. h. Halbierung durch Scheitel S, und $n_S = p = \text{const.}$ Man konstruiert die Parabeltangente in einem Punkt P, indem man die Projektion des Abstandes zwischen P und dem Scheitel S auf der Parabelachse von S aus in entgegengesetzter Richtung abträgt und den Endpunkt dieser Strecke mit P verbindet.

c) $f(x) = \frac{b}{a}\sqrt{a^2 - x^2}$ ; $t_S = \frac{a^2 - x^2}{x}$ mit $0 < |x| \leqslant a$ ; $n_S = \frac{b^2}{a^2}x$.

$\lim\limits_{x \to \alpha} n_S = \frac{b^2}{a} = p$ (Parameter bei der Scheitelgleichung der Ellipse).

d) $f(x) = \frac{b}{a}\sqrt{x^2 - a^2}$ ; $n_S = \frac{b^2}{a^2}x_o$.

## 13. Ergänzungen und Ausblicke

S. 306 1. Aus $\tan 2\alpha = -\frac{24}{7}$ folgt $\cos 2\alpha = -\frac{7}{25}$ und $\sin 2\alpha = \frac{24}{25}$ und damit $\cos\alpha = \frac{3}{5}$ und $\sin\alpha = \frac{4}{5}$. Damit lauten die Transformationsgleichungen $x = \frac{3}{5}\bar{x} + \frac{4}{5}\bar{y}$ und $y = -\frac{4}{5}\bar{x} + \frac{3}{5}\bar{y}$. Nach Durchführung der Drehung erhält man $(x - 2)^2 + \frac{(y - 4)^2}{4} = 1$ ; also eine Ellipse mit $M(2 ; 4)$ und $a = 1, b = 2$.

2. a) Vertauschung von x und y ändert die Relation nicht; also ist die Winkelhalbierende des ersten und dritten Quadranten Symmetrieachse von $G_{R_1}$. Schnittpunkte von $G_{R_1}$ mit der Symmetrieachse sind $P(\frac{3}{2} ; \frac{3}{2})$ und $N(0 ; 0)$, doppelt. Aus $x^3 + y^3 - 3xy = 0$ folgt, daß der Graph keine Punkte im dritten Quadranten besitzt, da nicht $x < 0 \wedge y < 0$ gelten kann. Für sehr kleine $|x|$ wird das Verhalten der Relation durch $3xy = 0$ beschrieben, d. h. im Koordinatenursprung hat $G_{R_1}$ die Tangenten $x = 0$ und $y = 0$. An der Stelle $x = \sqrt[3]{2}$ liegt ein lokaler Extremwert (Maximum). Mit $m = \lim\limits_{x \to \infty} \frac{y}{x}$; $\lim\limits_{x \to \infty} (1 + (\frac{y}{x})^3 - 3\frac{y}{x}\frac{1}{x}) = 0 = m^3 + 1$ folgt $m = -1$ und aus dem Ansatz $y = -x + b$ die Asymptotengleichung $x + y + 1 = 0$. $D_{R_1} = W_{R_1} = \mathbb{R}$.

b) Symmetrieachsen sind die Koordinatenachsen und die Winkelhalbierenden des ersten und dritten bzw. des zweiten und vierten Quadranten. Aus der Darstellung $y^2 = \frac{x^2}{x^2 - 1}$ liest man ab: $D_{R_2} = \{x | \, |x| > 1\} \cup \{0\}$, $W_{R_2} = \{y | \, |y| > 1\} \cup \{0\}$, waagerechte Asymptoten $x = 1$ und $x = -1$, senkrechte Asymptoten $y = 1$ und $y = -1$. $(\sqrt{2} ; \sqrt{2})$ ist einer der vier Schnittpunkte von $G_{R_2}$ mit den Winkelhalbierenden. $R_2$ läßt sich durch zwei Funktionen $f_1$ und $f_2$ mit $f_1(x) = \frac{x}{\sqrt{x^2 - 1}}$ und $f_2(x) = \frac{-x}{\sqrt{x^2 - 1}}$ beschreiben.

c) Symmetrieachsen sind die Koordinatenachsen. Aus der Darstellung $y^2 = \frac{x^2}{x^2+1}$ liest man ab: $D_{R_3} = \mathbb{R}$, $W_{R_3} = \{y \mid |y| < 1\}$, Asymptoten $y = 1$ und $y = -1$. $G_{R_3}$ zeigt Wendepunktverhalten in $(0;0)$. $R_3$ läßt sich durch zwei Funktionen $f_1$ und $f_2$ mit **S. 306**

$f_1(x) = \frac{x}{\sqrt{x^2+1}}$ und $f_2(x) = \frac{-x}{\sqrt{x^2+1}}$ beschreiben.

## 14.1.1.

1. a) $\sin\left(\frac{1}{2}\pi - x\right) = \cos x$ $\quad \cos\left(\frac{1}{2}\pi - x\right) = \sin x$ **S. 309**

   $\tan\left(\frac{1}{2}\pi - x\right) = \cot x$ $\quad \cot\left(\frac{1}{2}\pi - x\right) = \tan x$

   b) $\sin\left(\frac{1}{2}\pi + x\right) = \cos x$ $\quad \cos\left(\frac{1}{2}\pi + x\right) = -\sin x$

   $\tan\left(\frac{1}{2}\pi + x\right) = -\cot x$ $\quad \cot\left(\frac{1}{2}\pi + x\right) = -\tan x$

   c) $\sin(\pi - x) = \sin x$ $\quad \cos(\pi - x) = -\cos x$

   $\tan(\pi - x) = -\tan x$ $\quad \cot(\pi - x) = -\cot x$

   d) $\sin(\pi + x) = -\sin x$ $\quad \cos(\pi + x) = -\cos x$

   $\tan(\pi + x) = \tan x$ $\quad \cot(\pi + x) = \cot x$

2. a) $f(-x) = (-x)^2\cos(-x) = x^2\cos x = f(x)$ ; f ist gerade Funktion.

   b) $f(-x) = -x\cos(-x) = -x\cos x = -f(x)$ ; f ist ungerade Funktion.

   c) $f(-x) = -x\sin(-x) = x\sin x = f(x)$ ; f ist gerade Funktion.

   d) $f(-x) = \cos(-x)\tan(-x) = -\cos x \tan x = -f(x)$ ; f ist ungerade Funktion.

   e) $f(-x) = \frac{(-x)^2}{\sin(-x)} = -\frac{x^2}{\sin x} = -f(x)$ ; f ist ungerade Funktion.

   f) $f(-x) = \frac{\cos(-x)}{-x} = -\frac{\cos x}{x} = -f(x)$ ; f ist ungerade Funktion.

   g) $f(-x) = \frac{\sin(-x)}{-x} = \frac{\sin x}{x} = f(x)$ ; f ist gerade Funktion.

   h) $f(-x) = \cos(-x)\sin(-x) = -\cos x \cdot \sin x = -f(x)$ ; f ist ungerade Funktion.

   i) $f(-x) = -x + \sin(-x) = -(x + \sin x) = -f(x)$ ; f ist ungerade Funktion.

   k) $f(-x) = -x + \cos(-x) = -x + \cos x$ ; f ist keines von beiden.

   l) $f(-x) = (-x)^2 - \cos(-x) = x^2 - \cos x = f(x)$ ; f ist gerade Funktion.

3. a) $x = \frac{1}{2}\pi + k\pi$ mit $k \in \mathbb{Z}$ $\quad$ b) $x = k\pi$ **S. 310**

   c) $x = \frac{1}{2}\pi + k\pi + 1$ $\quad$ d) $x = k \cdot \frac{1}{2}\pi$ $\quad$ e) $x = 0$

**14.1.2.**

**S. 312** 1. a) Sinusfunktion: Amplitude $\frac{1}{2}$; Periode $4\pi$; um $\frac{1}{2}$ nach unten verschoben; s. Fig. 14.1.

b) Kosinusfunktion: $y = -\cos x$; Amplitude $\frac{1}{2}$; um $\frac{\pi}{3}$ nach rechts verschoben; s. Fig. 14.2.
Druckfehler: $x \mapsto -\frac{1}{2}\cos\left(x - \frac{\pi}{3}\right)$

c) Sinusfunktion: Amplitude 1,5;
Periode $\frac{2\pi}{3}$; s. Fig. 14.3.

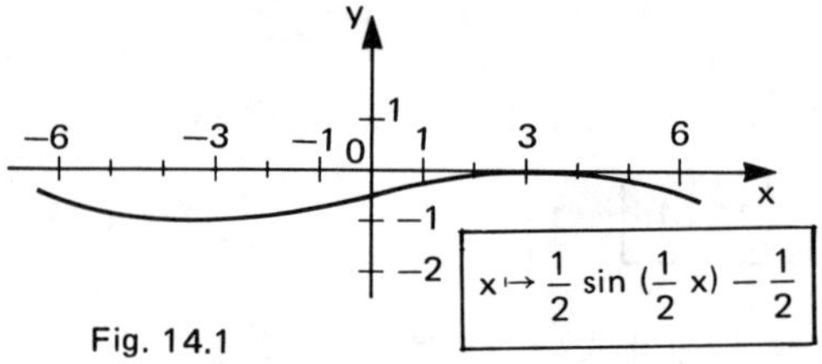

Fig. 14.1

2. a) s. Fig. 14.4 b) s. Fig. 14.5
c) s. Fig. 14.6

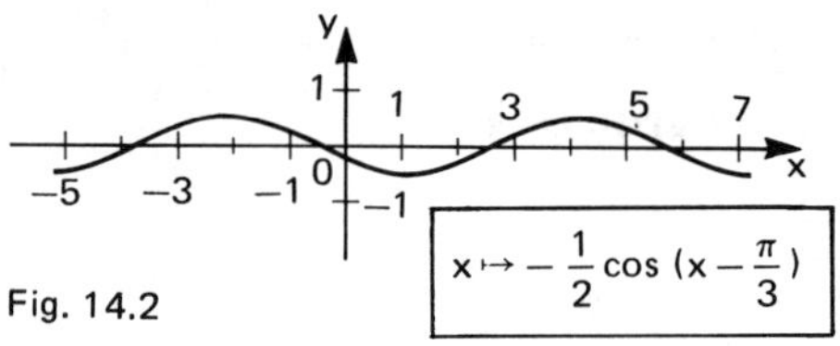

Fig. 14.2

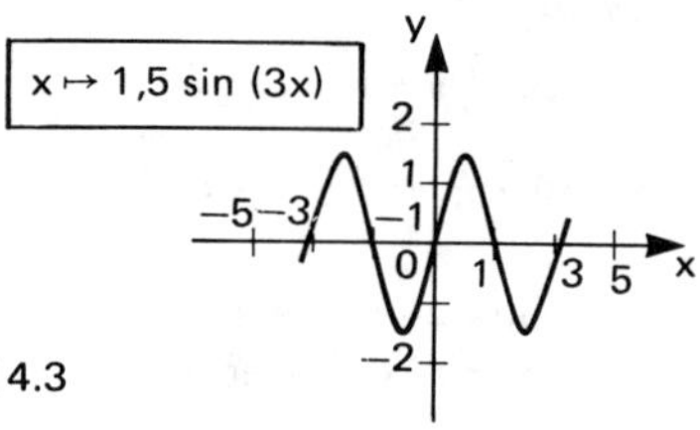

Fig. 14.3

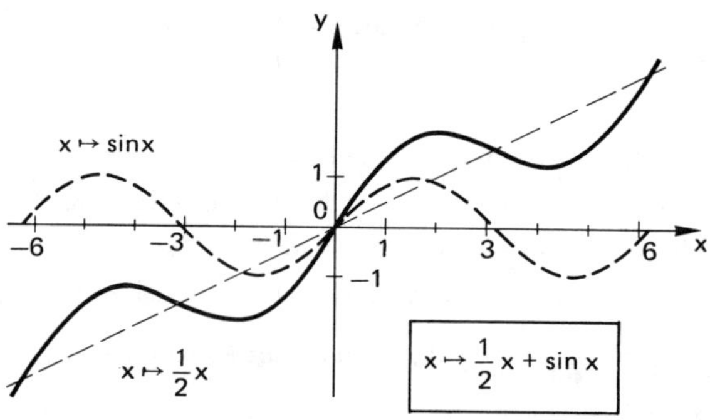

Fig. 14.4

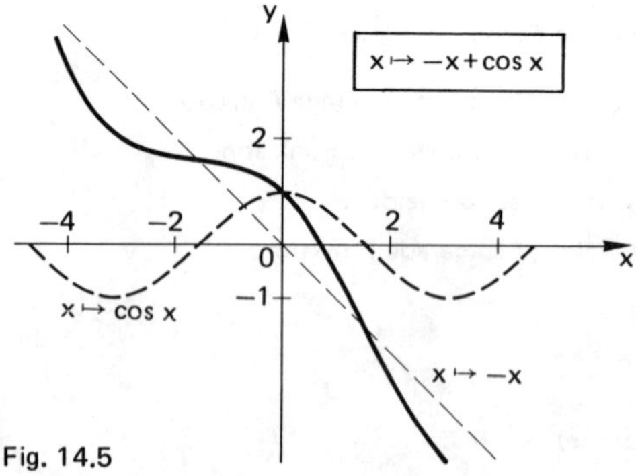

Fig. 14.5

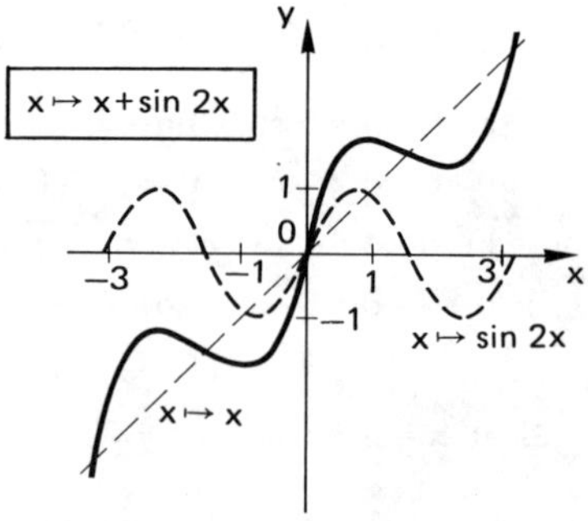

Fig. 14.6

d) s. Fig. 14.7   e) s. Fig. 14.8   f) s. Fig. 14.9

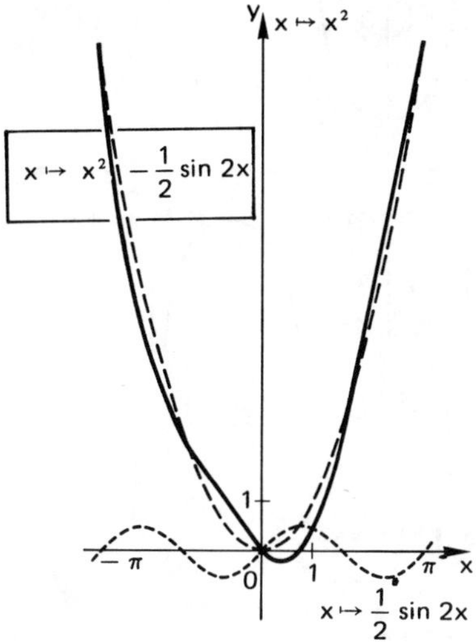


Fig. 14.7

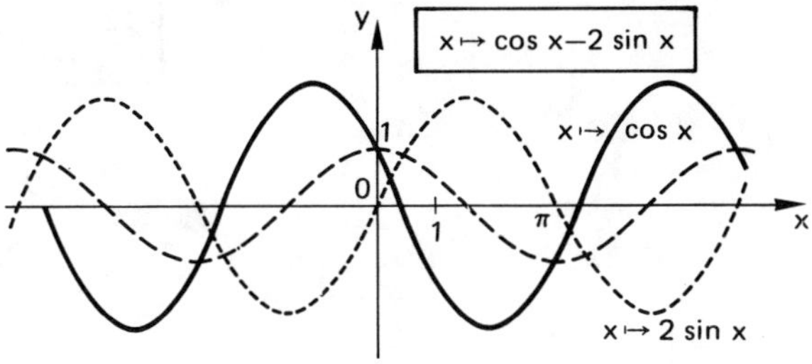


Fig. 14.8

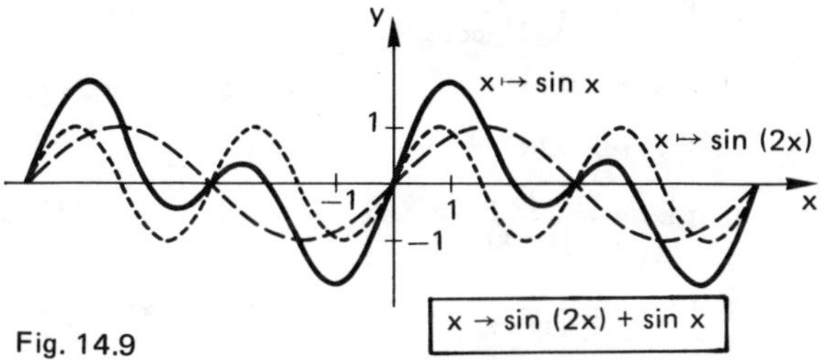


Fig. 14.9

3. a) $f(x) = \sqrt{2}\,\sin(x + \frac{1}{4}\pi)$   b) $f(x) = 5\sin(x + 5{,}356)$

   c) $f(x) = 2\sin(x + \frac{5}{6}\pi)$

4. Es gilt: $g(x) = a\sin(Cx + b) = a \cdot \sin Cx \cdot \cos b + a \cdot \cos Cx \cdot \sin b$. Wenn die Bedingung $A = a\cos b \wedge B = a\sin b$ erfüllt ist, gilt $f(x) = g(x)$. Wählt man
   $a = \sqrt{A^2 + B^2} \wedge \cos b = \frac{A}{\sqrt{A^2 + B^2}} \wedge \sin b = \frac{B}{\sqrt{A^2 + B^2}}$, so ist die Bedingung erfüllt.

5. s. Fig. 14.10; Schnittpunkte $(-1\,; -1)$ und $(1\,; -1)$.

6. a) $\bar{y} = 2\cos(\bar{x} - 1)$   b) $\bar{y} = \cos\bar{x}$

   c) $\bar{y} = 2 \cdot \cos\frac{1}{2}\bar{x}$   d) $\bar{y} = -\cos\bar{x}$

   e) $\bar{y} = (\cos 2\bar{x})^2$ s. Fig. 14.11

Fig. 14.10

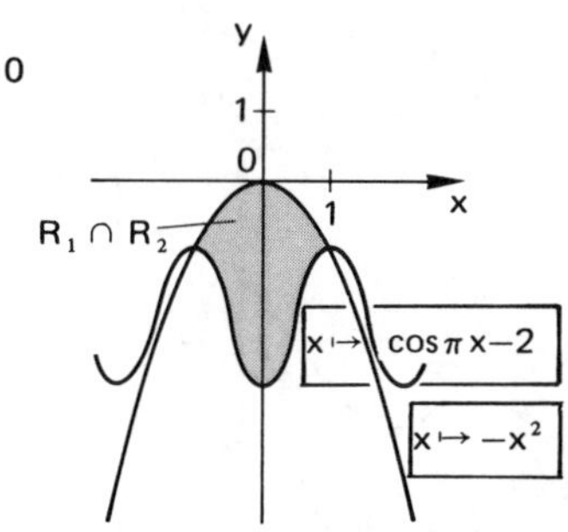


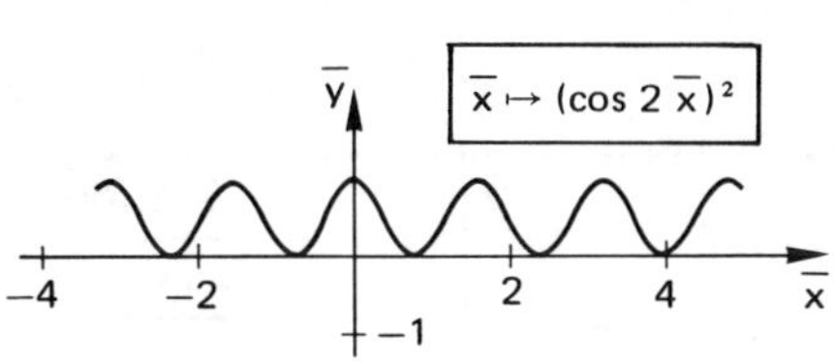


Fig. 14.11

**S. 312** f) $\overline{y} = \dfrac{1}{\cos \overline{x}}$ s. Fig. 14.12

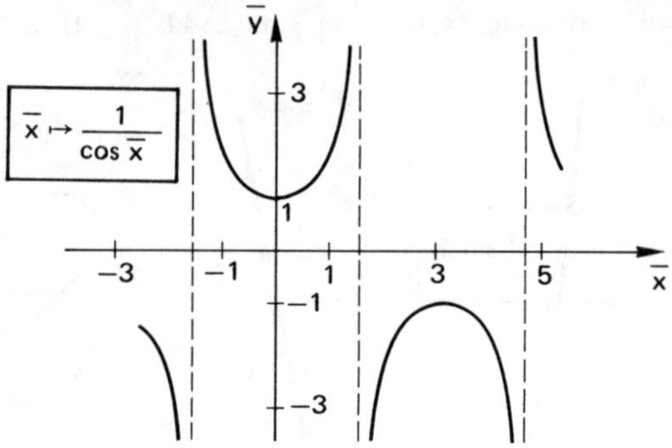


Fig. 14.12

**S. 314** **14.1.3.**

1. a) $f'(x) = \dfrac{1}{(\sin x)^2 (\cos x)^2}$ b) $f'(x) = \sin x + x \cos x$

   c) $f'(x) = x \sin x$ d) $f'(x) = 2x \cos x - x^2 \sin x$

   e) $f'(x) = x^2 (3\tan x + x + x(\tan x)^2)$

   f) $f'(x) = -\dfrac{\cos x}{(\sin x)^2}$ g) $f'(x) = \dfrac{x \cos x - 2 \sin x}{x^3}$

   h) $f'(x) = \dfrac{1}{1 + \cos x}$ i) $f'(x) = \dfrac{-2 \sin x}{(1 - \cos x)^2}$

   k) $f'(x) = -\tan x$ l) $f'(x) = \cot x$

   m) $f'(x) = \dfrac{1 + (\tan x)^2}{2 \tan x}$

2. a) $f(x) = \sqrt{2} \sin(x + \frac{1}{4}\pi)$ ; beschränkte Funktion mit der Periode $2\pi$.

   Nullstellen: $N_k(k\pi - \frac{1}{4}\pi \,;\, 0)$ mit $k \in \mathbb{Z}$.

   $f'(x) = \sqrt{2} \cos(x + \frac{1}{4}\pi)$, Extremwerte: $E_k(k\pi + \frac{1}{4}\pi \,;\, (-1)^k\sqrt{2})$

   $f''(x) = -\sqrt{2} \sin(x + \frac{1}{4}\pi)$, Wendepunkte gleich Nullstellen. s. Fig. 14.13

   b) Ungerade Funktion; Punktsymmetrie zur Nullstelle N(0 ; 0).
   $f'(x) = 1 + \cos x$, monoton wachsend, keine Extremwerte;
   $f''(x) = -\sin x$, Wendepunkte:
   $W_k(k\pi \,;\, k\pi)$ mit $k \in \mathbb{Z}$. s. Fig. 14.14

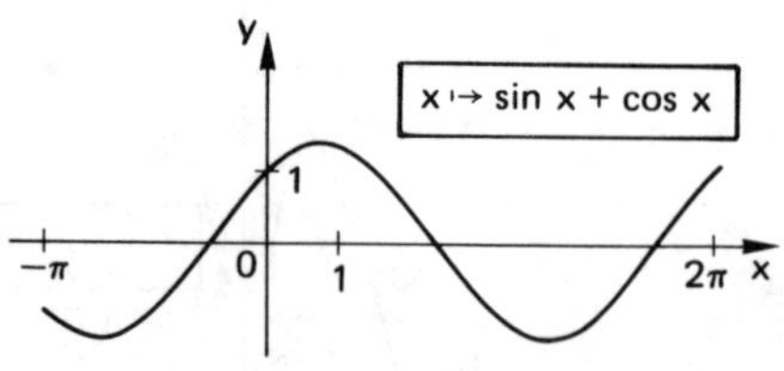


Fig. 14.13

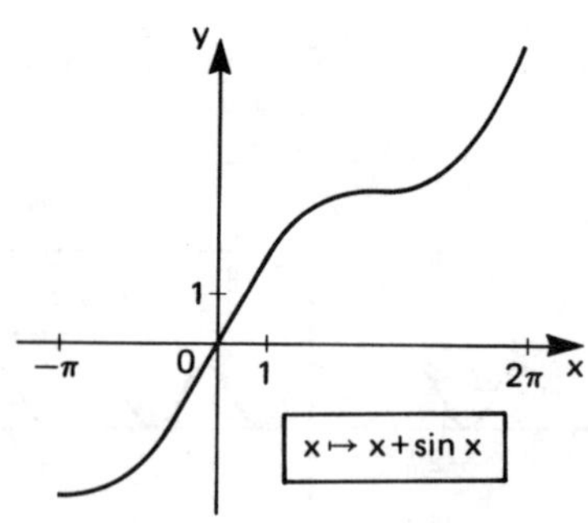


Fig. 14.14

c) $f(x) = |\sin x| + |\cos x|$, gerade Funktion mit der Periode $\frac{1}{2}\pi$. $1 \leqslant f(x) \leqslant \sqrt{2}$, keine Nullstellen. Maxima: $M_a(\frac{1}{4}(2k+1)\pi ; \sqrt{2})$, $k \in \mathbb{Z}$. Minima: $M_i(\frac{1}{2}k\pi ; 1)$, in den Minima nicht differenzierbar. Keine Wendepunkte; s. Fig. 14.15.

d) Keine Symmetrie. Nullstellen: $x_k = \frac{1}{2}(2k+1)\pi$. $k \in \mathbb{Z}$.

$f'(x) = -e^{-x}(\sin x + \cos x)$, Extremwerte: $x_{E_k} = \frac{1}{4}(4k-1)\pi$.

$f''(x) = 2e^{-x}\sin x$, Wendepunkte: $x_{W_k} = k\pi$. s. Fig. 14.16

e) Gerade, beschränkte und stetige Funktion. Nullstellen: $x_k = \pm k\pi$, $k \in \mathbb{N}$.

$f'(x) = \dfrac{x\cos x - \sin x}{x^2}$ für $x \in \mathbb{R} \setminus \{0\}$. Extremstellen sind Lösungen der Gleichung

$x = \tan x$ für $x \neq 0$. $\lim\limits_{x\to 0} f'(x) = \lim\limits_{x\to 0}(-\frac{1}{2}\sin x) = 0$. $x_0$ ist globales Maximum.

Asymptote $y = 0$.

$f''(x) = \dfrac{(2-x^2)\sin x - 2x\cos x}{x^3}$. s. Fig. 14.17

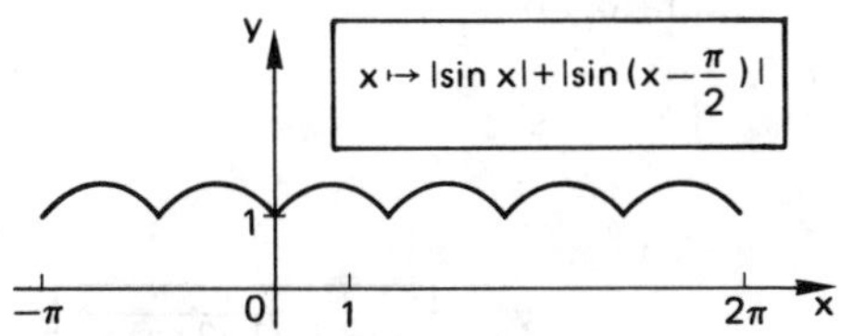


Fig. 14.15

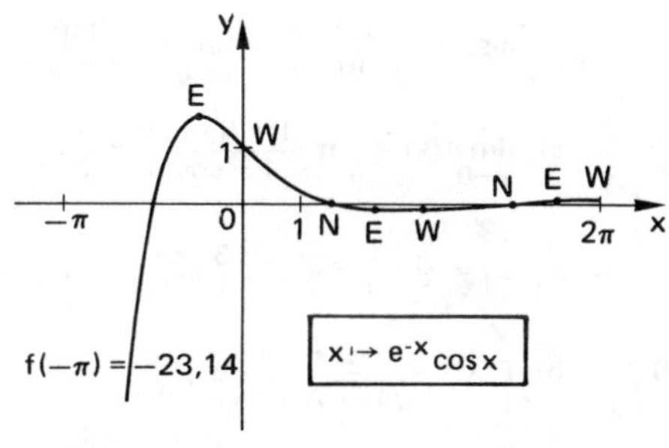


Fig. 14.16

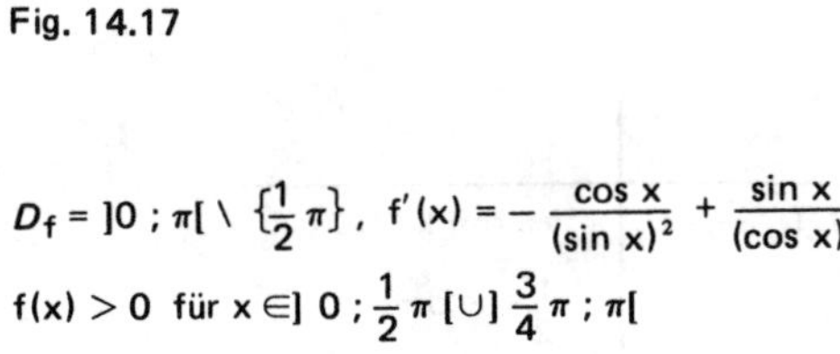


Fig. 14.17

3. $D_f = ]0 ; \pi[ \setminus \{\frac{1}{2}\pi\}$, $f'(x) = -\dfrac{\cos x}{(\sin x)^2} + \dfrac{\sin x}{(\cos x)^2}$

$f(x) > 0$ für $x \in ]0 ; \frac{1}{2}\pi[ \cup ]\frac{3}{4}\pi ; \pi[$

$f(x) < 0$ für $x \in ]\frac{1}{2}\pi ; \frac{3}{4}\pi[$

$f'(x) < 0$ für $x \in ]0 ; \frac{1}{4}\pi[$

$f'(x) > 0$ für $x \in ]\frac{1}{4}\pi ; \frac{1}{2}\pi[ \cup ]\frac{1}{2}\pi ; \pi[$ ; s. Fig. 14.18

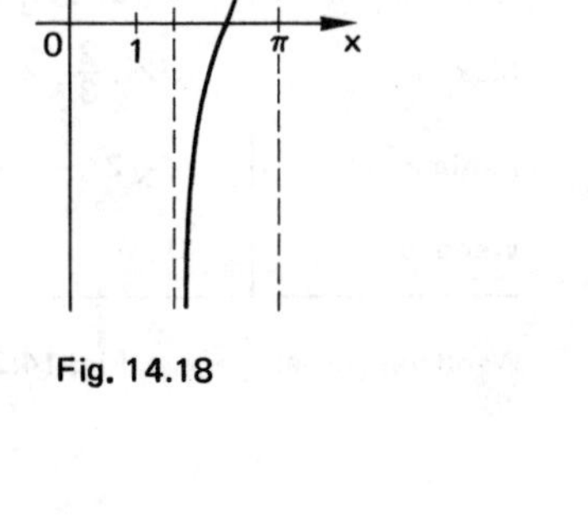


Fig. 14.18

**S. 314** 4. x sei das Bogenmaß von $\alpha$; dann gilt $c(x) = \dfrac{u}{\sin x + \cos x + 1}$ ; Minimum: $x_E = \frac{1}{4}\pi$.
Ergebnis: Unter allen umfangsgleichen rechtwinkligen Dreiecken hat das gleichschenklige die kleinste Hypotenuse.

5. $f(x) = (\sin x)^2 + (\cos x)^2$ ; d. h. $f'(x) = 2 \sin x \cos x - 2 \cos x \sin x = 0$, also ist f(x) eine Konstante; wegen $f(0) = 1$ ist $f(x) = 1$.

6. $\lim\limits_{x \to 0+0} f'(x) = \lim\limits_{x \to 0+0} \left(-\dfrac{\sin\sqrt{x}}{2\sqrt{x}}\right) = -\dfrac{1}{2}$. Wegen $|f'(x)| = \dfrac{1}{2} \left| \dfrac{\sin\sqrt{x}}{\sqrt{x}} \right| < \dfrac{1}{2}$ ist $-\dfrac{1}{2}$ das Infimum von f'(x), d. h. die Steigung von $G_f$ ist für alle $x \in \mathbb{R}^+$ größer als $-\dfrac{1}{2}$; s. Fig. 14.19.

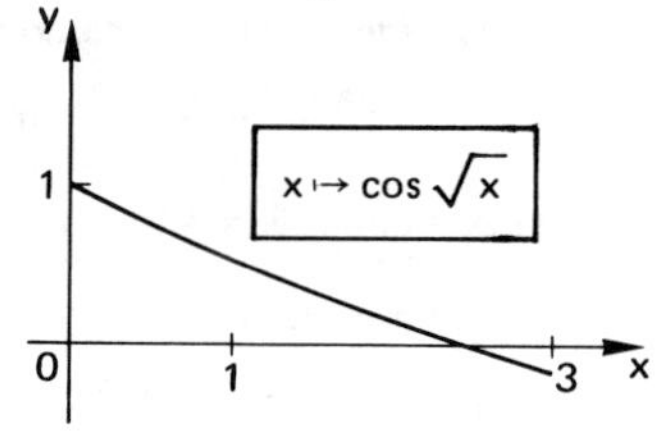

Fig. 14.19

7. a) $\lim\limits_{x \to 0} f(x) = \left(\lim\limits_{x \to 0} \dfrac{1}{\cos x}\right) : \left(\lim\limits_{x \to 0} \left(\dfrac{x}{\sin x} + 1\right)\right) = \dfrac{1}{2}$

b) Man setzt $u(x) = \tan x$ und $v(x) = x + \sin x$. Dann gilt

$$u(0 + h) = u(0) + h\, u'(0 + \vartheta_1 h) = 0 + h(1 + (\tan(0 + \vartheta_1 h))^2)$$

$$v(0 + h) = v(0) + h\, v'(0 + \vartheta_2 h) = 0 + h(1 + \cos(0 + \vartheta_2 h)),$$

also $\lim\limits_{h \to 0} \dfrac{u(0 + h)}{v(0 + h)} = \lim\limits_{h \to 0} \dfrac{1 + (\tan h)^2}{1 + \cos h} = \dfrac{1}{2}$.

c) $\lim\limits_{x \to 0} f(x) = \lim\limits_{x \to 0} \dfrac{1 + (\tan x)^2}{1 + \cos x} = \dfrac{1}{2}$.

8. a) $D_f = \{x | \frac{1}{3}\pi \leqslant x \leqslant \frac{5}{3}\pi\}$; $W_f = \{y | 0 \leqslant y \leqslant 3\sqrt{3}\}$.

**S. 315** b) $f'(x) = \dfrac{3 \sin x}{\sqrt{1 - 2 \cos x}}$ ;

Bestimmungsgleichung: $\sin x + 2 \cos x = 1$.

$x_1 = \frac{1}{2}\pi$ ist die einzige Lösung in $D_f$.

c) s. Fig. 14.20

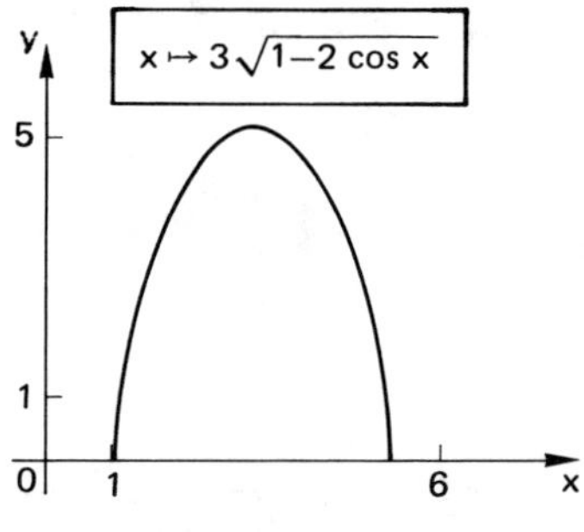

Fig. 14.20

9. a)

| | f | sin |
|---|---|---|
| Nullstellen | $(-\sqrt{6}\ ; 0), (0 ; 0), (\sqrt{6}\ ; 0)$ | $k\pi$ mit $k \in \mathbb{Z}$ |
| Maxima | $(\sqrt{2}\ ; \frac{2}{3}\sqrt{2})$ | $\frac{1}{2}\pi + 2k\pi$ |
| Minima | $(-\sqrt{2}\ ; -\frac{2}{3}\sqrt{2})$ | $\frac{3}{2}\pi + 2k\pi$ |
| Wendepunkte | $(0 ; 0)$ | $k\pi$ |

Wendetangente: $y = x$, s. Fig. 14.21

b) s. Fig. 14.21 S. 315

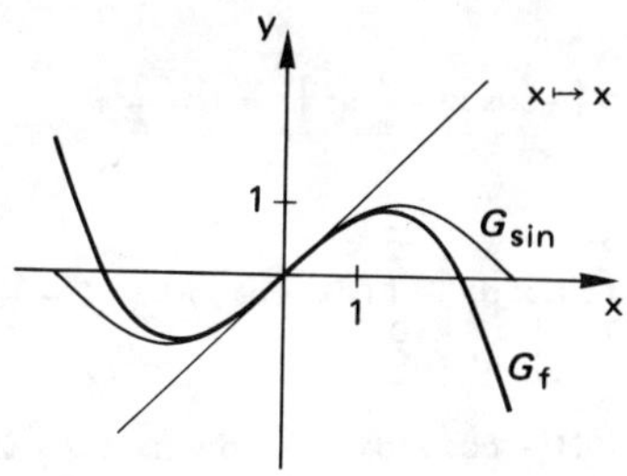


Fig. 14.21

9. c) $d(x) = \sin x - x(1 - \frac{1}{6}x^2)$, $d(0) = 0$

$d'(x) = \cos x - 1 + \frac{1}{2}x^2$, $d'(0) = 0$

$d''(x) = -\sin x + x$, $d''(0) = 0$

$d'''(x) = -\cos x + 1$, $d'''(0) = 0$.

Der Ansatz $g(x) = ax^3 + bx^2 + cx + d$ mit den Bedingungen $g(0) = g''(0) = 0$, $g'(0) = 1$, $g'''(0) = -1$ liefert $a = -\frac{1}{6}$, $c = 1$, $b = d = 0$.

$d(0{,}5) = 0{,}0002589$

d) $h(x) = \frac{1}{24}x^4 - \frac{1}{2}x^2 + 1$

## 14.1.4.

1. a) $\left[\tan x\right]_0^{0,5} = 0{,}5463$ b) $\frac{1}{2}\int_{0,5}^{1} \frac{dx}{(\sin x)^2} = \frac{1}{2}[\cot 0{,}5 - \cot 1] \approx 0{,}5942$

c) $-\frac{1}{2}\cot x + C$ s. 1. b)!

d) $\int \frac{dx}{(\cos x)^2} + \int \frac{dx}{(\sin x)^2} = \tan x - \cot x + C$

e) $\ln|\tan x| + C$ f) $\int \frac{\cos x}{\sin x(\cos x)^2}\,dx = \ln|\tan x| + C$ s. 1. e)!

g) $\int \frac{(\cos x)^2 - (\sin x)^2}{\sin x \cos x}\,dx = \ln|\sin x \cos x| + C$

2. a) $\int \frac{dx}{(\cos x)^2} - \int dx = \tan x - x + C$

b) $\int_{0,5}^{0,8} \left[\frac{1}{(\sin x)} - 1\right]dx = \cot(0{,}5) - \cot(0{,}8) - 0{,}3 = 0{,}5593$

c) $\int_{\frac{\pi}{4}}^{\frac{\pi}{3}} (\tan x)^2\,dx = \sqrt{3} - 1 - \frac{1}{12}\pi = 0{,}4703$

3. a) $A = \left| \left[-\cos x + \sin x\right]_{\frac{3}{4}\pi}^{\frac{7}{4}\pi} \right| = 2\sqrt{2}$ b) $A = \left[2x - \tan x\right]_{\frac{3}{4}\pi}^{\frac{5}{4}\pi} = \pi - 2$ S. 316

**S. 316** c) $A = \left[-\cos x - \frac{1}{\pi} x^2\right]_0^{\frac{\pi}{2}} = 1 - \frac{1}{4}\pi$

4. $A_1 = \int_0^{\frac{\pi}{2}} \sin x\,dx - \int_0^{\frac{\pi}{2}} (1 - \cos x)dx = 2 - \frac{1}{2}\pi$

$A_2 = \int_{\frac{\pi}{2}}^{2\pi} (1 - \cos x)dx - \int_{\frac{\pi}{2}}^{\pi} \sin x\,dx + 2 = 2 + \frac{3}{2}\pi$

5. $a = \frac{1}{2}, c = \frac{2}{\pi^2}$; $A = \frac{1}{2}\int_0^{\frac{\pi}{2}} \sin x\,dx - \frac{2}{\pi^2}\int_0^{\frac{\pi}{2}} x^2 dx = \frac{1}{2} - \frac{1}{12}\pi = 0{,}2382$

6. Es gilt: $\frac{d}{dx}\left(\frac{1}{2}x - \frac{1}{4}\sin 2x + C\right) = \frac{1}{2} - \frac{1}{2}\cos 2x = (\sin x)^2$

$\frac{d}{dx}\left(\frac{1}{4}x^2 - \frac{1}{4}x\sin 2x - \frac{1}{8}\cos 2x + C\right) = \frac{1}{2}x(1 - \cos 2x) = x(\sin x)^2$

7. a) $\tan x = \sqrt{3}$, d. h. $x = \frac{1}{3}\pi$

b) $4x^2 - 2\cos x = \pi^2$, d. h. $x = \frac{1}{2}\pi$

8. Es gilt: $f_1' + f_2' = 2f_2$ und $f_1' - f_2' = 2f_1$.

a) $F' = 2F$, d. h. $F(x)$ darf nicht identisch 0 sein; also

$\frac{F'(x)}{F(x)} = 2$, $\ln F(x) = 2x + C_1$, $F(x) = e^{2x + C_1} = C \cdot e^{2x}$ mit $C = e^{C_1} > 0$

b) Aus $g_i(x) = e^{-x} f_i(x)$ folgt:

$g_1'(x) = e^{-x} f_2(x)$, $g_1''(x) = -e^{-x} f_1(x) = -g_1(x)$

$g_2'(x) = -e^{-x} f_1(x)$, $g_2''(x) = -e^{-x} f_2(x) = -g_2(x)$

Zum Beispiel erfüllen die Funktionen $g_1(x) = \sin x$ und $g_2(x) = \cos x$ die Differentialgleichung. Damit werden

$f_1(x) = a \cdot e^x \sin x$, $f_2(x) = a \cdot e^x \cos x$ mit $a^2 = C$.

## 14.2.1.

**S. 321** 1. a) $\frac{1}{2}\pi$ b) $\frac{1}{4}\pi$ c) $-\frac{1}{3}\pi$ d) 0,5018

e) $\frac{1}{3}\pi$ f) $\frac{1}{6}\pi$ g) $\pi$ h) 0,5489

i) $\frac{1}{4}\pi$ k) $-\frac{1}{3}\pi$ l) $-0{,}6458$ m) $\frac{1}{3}\pi$

n) 0,2324 o) 0,7648 p) 0,6071 q) 0,5625

r) 0,6102 s) $-0{,}9043$ t) 2,7019 u) $-0{,}9553$

2. a) $L = \{\frac{1}{2}\sqrt{2}\}$ b) $L = \{\frac{1}{2}\}$ c) $L = \{0{,}4368\}$

d) $L = \{-\sqrt{3}\}$ e) $L = \{-\frac{1}{2}\sqrt{3}\}$ f) $L = \{0{,}8776\}$

g) $L = \{x \mid |x| \leqslant 0{,}9878\}$ h) $L = \{x \mid 0 < x < 0{,}3827\}$

i) $L = \{x \mid |x| < \frac{1}{2}\sqrt{3}\}$

3. a) Aus $\sin x = a$ und $\cos x = \sqrt{1-a^2}$ folgt $\arcsin a = x = \arccos\sqrt{1-a^2}$

b) Aus $\cos x = a$ und $\sin x = \sqrt{1-a^2}$ folgt $\arccos a = x = \arcsin\sqrt{1-a^2}$

c) Aus $\sin x = a$ und $\tan x = \frac{\sin x}{\sqrt{1-(\sin x)^2}} = \frac{a}{\sqrt{1-a^2}}$ folgt $\arcsin a = x =$

$= \arctan\frac{a}{\sqrt{1-a^2}}$

d) Aus $\cos x = a$ und $\tan x = \frac{\sqrt{1-(\cos x)^2}}{\cos x} = \frac{\sqrt{1-a^2}}{a}$ folgt $\arccos a = x =$

$= \arctan\frac{\sqrt{1-a^2}}{a}$

Für $a \in ]-1\,;0\,[$ gelten folgende Beziehungen:

a) $\arcsin a = -\arccos\sqrt{1-a^2}$ b) $\arccos a = -\arcsin\sqrt{1-a^2} + \pi$

c) $\arcsin a = \arctan\frac{a}{\sqrt{1-a^2}}$ d) $\arccos a = \arctan\frac{\sqrt{1-a^2}}{a} + \pi$

4. a) $x$ b) $\sqrt{1-x^2}$ s. 3. a)! c) $\sqrt{1-x^2}$ s. 3. b)!

d) $\frac{\sqrt{1-x^2}}{x}$ s. 3. d)! e) $\frac{1}{\sqrt{1+x^2}}$ s. 3. d)!

Für $x \in ]-1\,;0[$ gelten die gleichen Beziehungen. Zum Nachweis benutze man die Ergebnisse unter 3. und die Additionstheoreme.

5. a) Darstellung von $G_{\arccos}$ durch $G_{\arcsin}$.
Spiegelung von $G_{\arcsin}$ an der x-Achse ergibt: $-\arcsin x$

Verschiebung von $G_{-\arcsin}$ um $\frac{1}{2}\pi$ in y-Richtung ergibt: $-\arcsin x + \frac{\pi}{2}$; d. h.

$\arccos x = -\arcsin x + \frac{1}{2}\pi$

b) Man setzt $\arcsin(2x-1) + 2\arccos\sqrt{x} = a + 2b$; dann ist $\sin a = 2x - 1$,

$\cos b = \sqrt{x} \Rightarrow \sin a = 2(\cos b)^2 - 1 = \cos 2b \Rightarrow a + 2b = \frac{1}{2}\pi$

c) Man setzt $2\arcsin\sqrt{x} - \arcsin(2x-1) = 2a - b$; dann ist $\sin a = \sqrt{x}$,

$\sin b = 2x - 1 \Rightarrow \sin b = 2(\sin a)^2 - 1 = -\cos 2a \Rightarrow 2a - b = \frac{1}{2}\pi$

**S. 321** 6. a) $D_f = \{x \mid -1 \leqslant x \leqslant 1\}$ ;

$W_f = \{y \mid 1 \leqslant y \leqslant \pi - 1\}$ ; s. Fig. 14.22

b) $D_f = \{x \mid 0 \leqslant x \leqslant 1\}$ ;

$W_f = \{y \mid 0 \leqslant y \leqslant \frac{1}{2}\pi + 1\}$ ; s. Fig. 14.23

c) $D_f = \{x \mid 0 \leqslant x \leqslant 2\}$ ;

$W_f = \{y \mid 0 \leqslant y \leqslant \pi\}$; s. Fig. 14.24

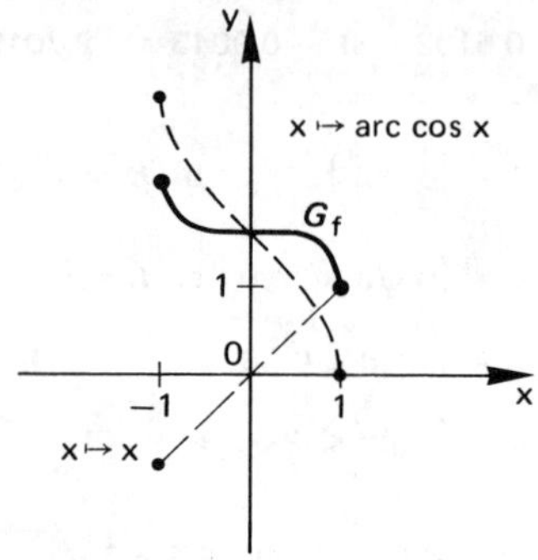


Fig. 14.22

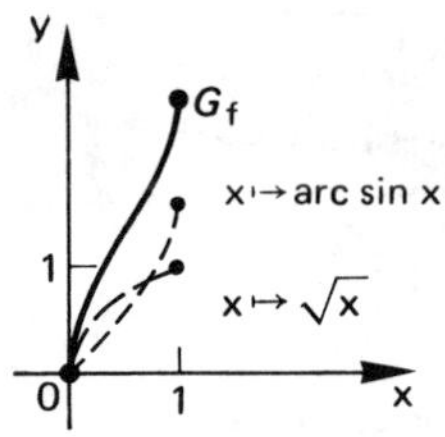


Fig. 14.23

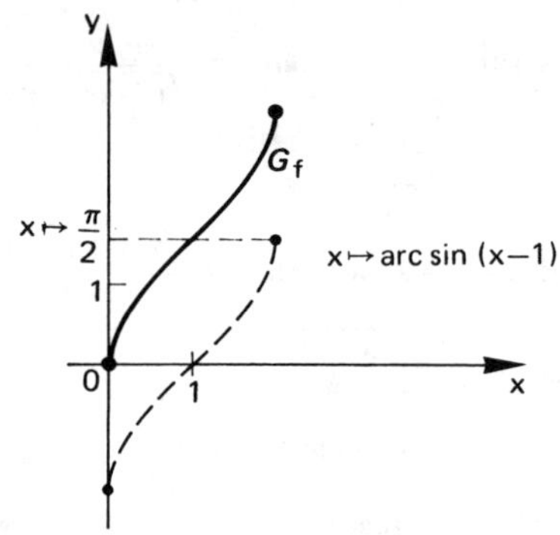


Fig. 14.24

7. $g_k(x) = \tan(x + k\pi)$ mit $k \in \mathbb{Z}$ und $x \in ]-\frac{1}{2}\pi ; \frac{1}{2}\pi[$

$g_k^{-1}(x) = \arctan x + k\pi$

**S. 322** 8. $\lim\limits_{|x| \to \infty} \arctan \frac{x}{x-1} = \arctan 1 = \frac{1}{4}\pi$

$\lim\limits_{x \to 1+0} \arctan \frac{x}{x-1} = \frac{1}{2}\pi$

$\lim\limits_{x \to 1-0} \arctan \frac{x}{x-1} = -\frac{1}{2}\pi$

s. Fig. 14.25

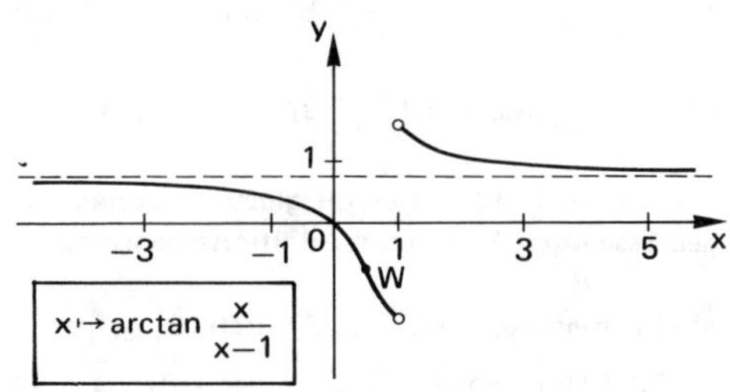


Fig. 14.25

9. $\lim\limits_{x \to \infty} \arctan \frac{1}{x} = 0 + 0$; $\lim\limits_{x \to -\infty} \arctan \frac{1}{x} = 0 - 0$; also $\lim\limits_{|x| \to \infty} f(x) = \frac{2}{\pi}$.

$\lim\limits_{x \to 0+0} \arctan \frac{1}{x} = \frac{1}{2}\pi$; $\lim\limits_{x \to 0-0} \arctan \frac{1}{x} = -\frac{1}{2}\pi$; also $\lim\limits_{x \to 0+0} f(x) = \frac{1}{\pi}$ und $\lim\limits_{x \to 0-0} f(x) = \infty$

10. a) $D_f = \{x \mid |x| \geqslant 1\}$ b) $D_f = \{x \mid e^{-1} \leqslant x \leqslant e\}$

c) $D_f = \{x \mid \sqrt{3} \leqslant |x| \leqslant 2\}$ d) $D_f = \mathbb{R}$, da $e^x + e^{-x} \geqslant 2$ für alle $x \in \mathbb{R}$.

e) $D_f = \mathbb{R}$, da $f(x) = \arctan x$ f) $D_f = \{x \mid |x| \leqslant \tan 1\} = \{x \mid |x| \leqslant 1{,}5574\}$

11. a) Aus $-1 \leqslant x^2 - 2x - 3 \leqslant 1$ folgt S. 322
$1 - \sqrt{5} \leqslant x \leqslant 1 - \sqrt{3} \vee 1 + \sqrt{3} \leqslant x \leqslant 1 + \sqrt{5}$

b) s. Fig. 14.26

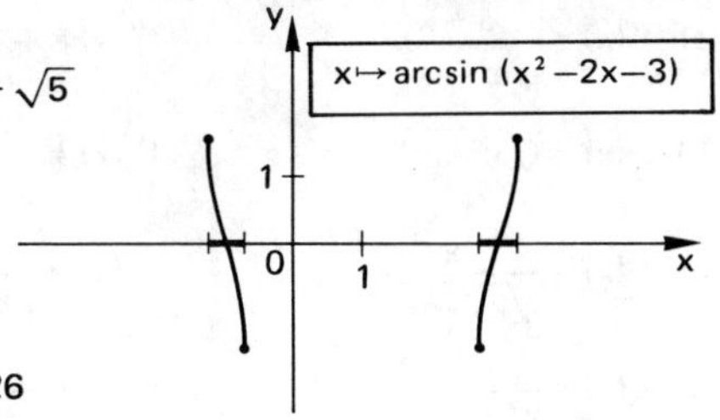


Fig. 14.26

## 14.2.2.

1. $f^{-1}(x) = \cos x$ mit $\frac{d}{dx} f^{-1}(x) = -\sin x$; also $\frac{d}{dx} f(x) = -\frac{1}{\sin \arccos x} = \frac{1}{\sqrt{1-x^2}}$ S. 323

2. $\sin y = x$, also $\cos y \cdot y' = 1$, d. h. $y' = \frac{1}{\cos \arcsin x} = \frac{1}{\sqrt{1-x^2}}$

$\cos y = x, \quad -\sin y \cdot y' = 1 \qquad y' = -\frac{1}{\sqrt{1-x^2}}$

$\tan y = x, \ (1 + (\tan y)^2)y' = 1 \qquad y' = \frac{1}{1+x^2}$

$\cot y = x, \ (1 + (\cot y)^2)y' = 1 \qquad y' = -\frac{1}{1+x^2}$

3. a) $D_f = \{x \mid 0 \leqslant x \leqslant 2\} \qquad f'(x) = -\frac{1}{\sqrt{2x - x^2}}$

b) $D_f = \{x \mid 0 \leqslant x \leqslant 1\} \qquad f'(x) = -\frac{1}{\sqrt{x - x^2}}$

c) $D_f = \mathbb{R} \qquad f'(x) = \frac{e^x}{1 + e^{2x}}$

d) $D_f = \mathbb{R}_0^+ \qquad f'(x) = \frac{1}{2\sqrt{x}\,(1+x)}$

e) $D_f = \mathbb{R} \qquad f'(x) = \frac{1}{1+x^2} e^{\arctan x}$

f) $D_f = \{x \mid 0 < x \leqslant 1\} \qquad f'(x) = \frac{1}{\arcsin \sqrt{x}} \cdot \frac{1}{\sqrt{1-x}} \cdot \frac{1}{2\sqrt{x}}$

4. a) $W_f = \{y \mid 0 \leqslant y < \frac{1}{2}\pi\} \qquad f'(x) = \frac{2x}{1+x^4}$ S. 324

b) $W_f = \{y \mid 0 \leqslant y \leqslant \frac{1}{2}\pi\} \qquad f'(x) = \arcsin x + \frac{x}{\sqrt{1-x^2}}$

c) $W_f = \mathbb{R}_0^+ \qquad f'(x) = -\frac{x + \sqrt{1-x^2} \cdot \arccos x}{x^2 \sqrt{1-x^2}}$

d) $W_f = \{y \mid -\frac{1}{2}\pi < y < \frac{1}{2}\pi\} \quad f'(x) = \frac{2}{e^x + e^{-x}}$

5. a) $\lim\limits_{x \to 0} \frac{\arcsin x}{x} = \lim\limits_{x \to 0} \frac{1}{\sqrt{1-x^2}} = 1$

b) $\lim\limits_{x \to 0} \frac{\arctan x}{x} = \lim\limits_{x \to 0} \frac{1}{1+x^2} = 1$

**S. 324** 6. a) $f'(x) = \frac{a+x}{\sqrt{a^2-x^2}}$ $\qquad f''(x) = \frac{a}{(a-x)\sqrt{a^2-x^2}}$

b) $f'(x) = \sqrt{a^2-x^2}$ $\qquad f''(x) = -\frac{x}{\sqrt{a^2-x^2}}$

c) $f'(x) = \frac{x}{\sqrt{2x-x^2}}$ $\qquad f''(x) = \frac{1}{(2-x)\sqrt{2x-x^2}}$

d) $f'(x) = \frac{a}{x^2+a^2}$ $\qquad f''(x) = -\frac{2ax}{(x^2+a^2)^2}$

$f(x) = \arctan\frac{x}{a}$

e) $f'(x) = \frac{1}{1+x^2}$ $\qquad f''(x) = -\frac{2x}{(1+x^2)^2}$

Für $|x| < 1$ gilt: $f(x) = \arctan x$

f) $f'(x) = \sqrt{\frac{1-x}{x}}$ $\qquad f''(x) = -\frac{1}{2x^2}\sqrt{\frac{x}{1-x}}$

7. a) $D_f = \mathbb{R}$ ; f ist ungerade Funktion, d. h. Punktsymmetrie zu (0 ; 0).
Globale Extremwerte: Minimum $(-1; -\frac{1}{4}\pi)$, Maximum $(1; \frac{1}{4}\pi)$

b) $f'(x) = \frac{1-x^2}{\sqrt{(x^2-1)^2}\,(x^2+1)}$, f' ist nicht definiert für $|x| = 1$ ;

$\lim_{x\to 1+0} f'(x) = -\frac{1}{2}$,

$\lim_{x\to 1-0} f'(x) = \frac{1}{2}$, s. Fig. 14.27

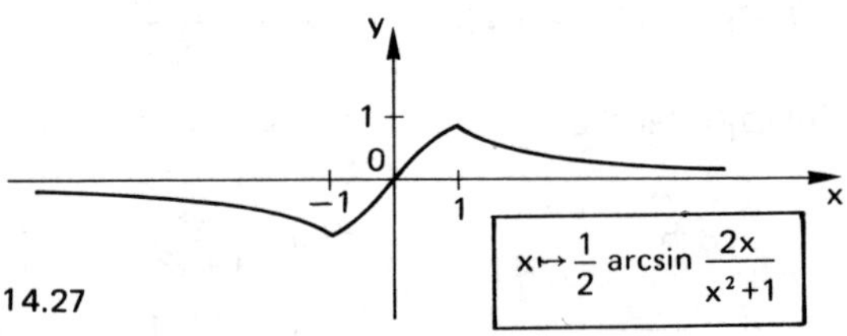


Fig. 14.27

c)

Aus $f'(x) = \begin{cases} \frac{1}{x^2+1} & \text{für } |x| < 1 \\ -\frac{1}{x^2+1} & \text{für } |x| > 1 \end{cases}$ folgt $f(x) = \begin{cases} -\arctan x - \frac{\pi}{2}, & x < -1 \\ \arctan x, & |x| \leqslant 1 \\ -\arctan x + \frac{\pi}{2}, & x > 1 \end{cases}$

Für $|x| < 1$ gilt: $\arcsin x = \arctan\frac{x}{\sqrt{1-x^2}}$ und $2\arctan x = \arctan\frac{2x}{1-x^2}$, also

$\frac{1}{2}\arcsin\frac{2x}{x^2+1} = \frac{1}{2}\arctan\frac{2x}{1-x^2} = \arctan x$

8. a) f ist gerade Funktion, d. h. Symmetrie zur y-Achse. Supremum $\frac{1}{2}\pi$ und Infimum 0 werden nicht angenommen; kein Wendepunkt; monoton steigend für $x < 0$, monoton fallend für $x > 0$. Asymptote $y = 0$.

b) Wegen $\lim_{|x|\to 0} \arctan\frac{1}{|x|} = \frac{1}{2}\pi$ ist $\bar{f}$ mit $\bar{f}(x) = \begin{cases} \arctan\frac{1}{|x|} & \text{für } x \neq 0 \\ \frac{1}{2}\pi & \text{für } x = 0 \end{cases}$
eine auf $\mathbb{R}$ stetige Fortsetzung.

c) Nach dem Mittelwertsatz gilt für den Differenzenquotient an der Stelle 0: **S. 324**

$$\frac{\bar{f}(x)-\bar{f}(0)}{x} = \bar{f}'(\vartheta x) = \begin{cases} \dfrac{+1}{\vartheta^2 x^2+1} & \text{für } x<0 \\ \dfrac{-1}{\vartheta^2 x^2+1} & \text{für } x>0 \end{cases} \quad (\text{mit } 0<\vartheta<1)$$

$$\lim_{x\to 0-0} \bar{f}'(\vartheta x) = 1, \quad \lim_{x\to 0+0} \bar{f}'(\vartheta x) = -1$$

Der Differenzenquotient hat für $x \to 0$ keinen Grenzwert, die Ableitung existiert nicht.

d) $\bar{f}(x) = -\arctan|x| + \frac{1}{2}\pi$

9. a) f ist gerade Funktion, d. h. Symmetrie zur y-Achse. Supremum $\frac{1}{2}\pi$ und Infimum 0 werden nicht angenommen; monoton steigend für $x<0$, monoton fallend für $x>0$; Wendepunkte: $W_1\left(-\frac{1}{3}\sqrt[4]{3^3}\,;\,\frac{1}{3}\pi\right)$ und $W_2\left(\frac{1}{3}\sqrt[4]{3^3}\,;\,\frac{1}{3}\pi\right)$ ; Asymptote $y=0$.

b) $\bar{f}(x) = -\arctan x^2 + \frac{1}{2}\pi$

c) $\bar{f}'(0) = 0$

10. a) 0, da arcsin ungerade Funktion ist.

b) $\frac{1}{2}\pi - \int_0^{\frac{1}{2}\pi} \sin y\,dy = \frac{1}{2}\pi - 1$ c) $\int_0^1 \arccos x\,dx = \int_0^{\frac{1}{2}\pi} \cos y\,dy = 1$

d) $\int_{0,5}^{1} \arccos x\,dx = \int_0^{\frac{1}{3}\pi} \left(\cos y - \frac{1}{2}\right)dy = \frac{1}{2}\sqrt{3} - \frac{1}{6}\pi \approx 0{,}34$

11. a) $\left[\arctan x\right]_0^1 = \frac{1}{4}\pi$ b) $\left[\frac{1}{2}\ln(x^2+1)\right]_0^1 = \frac{1}{2}\ln 2 \approx 0{,}35$

c) $\left[\arcsin x\right]_0^{\frac{1}{2}\sqrt{2}} = \frac{1}{4}\pi$ d) $\arctan(0{,}8) - \frac{1}{3}(0{,}8)^3 \approx 0{,}50$

e) $\left[-\frac{1}{x} - \arctan x\right]_2^3 = \frac{1}{6} + \arctan 2 - \arctan 3 \approx 0{,}02$

f) $\left[\ln x - \frac{1}{2}\ln(1+x^2)\right]_2^3 = \ln\frac{3}{4}\sqrt{2} \approx 0{,}06$

12. a) $\int_{0,1}^{1} \left(x - 2 + \frac{1}{x^2+1}\right)dx = -\frac{3}{2} + \frac{1}{4}\pi \approx -0{,}71$ **S. 325**

b) $\int_{-1}^{0,1} \left(x - x^2 - 1 + \frac{4}{1+x}\right)dx = 2\pi - \frac{8}{3} \approx 3{,}62$

**S. 325** 13. a) $x = \sin(0{,}3) \approx 0{,}296$ b) $x = \tan(0{,}5) \approx 0{,}546$

c) $x = \tan(\arctan 2 - 0{,}2) \approx 1{,}279$

14. Wegen $\arcsin x = -\arccos x + \frac{1}{2}\pi$ gilt: $C_1 - C = \frac{1}{2}\pi$

15. Minimum bei $x_1 = \sqrt{2\sqrt{2} - 1}$, $A = \left[\frac{1}{6}x^3 + 4 \arctan x\right]_0^{\sqrt{2\sqrt{2}-1}} \approx 4{,}148$

16. a) $\lim\limits_{x \to \infty} f(x) = \frac{1}{2}\pi$, $\lim\limits_{x \to -\infty} f(x) = 0$

b) $f'(x) = \dfrac{1}{e^x + e^{-x}}$, d. h. $f'$ ist gerade Funktion, Symmetrie zur y-Achse.

Also Extremwert bei $x_0 = 0$ (dort größte Steigung von $G_f$), $f'(0) = \frac{1}{2}$.

c) Aus $0 < \dfrac{1}{e^x + e^{-x}} = m$ folgt $m^2 \leqslant \frac{1}{4}$. Da $f'$ gerade Funktion ist und für $x > 0$ streng monoton fällt, gibt es genau zwei Stellen $x_1$ und $x_2$ mit $x_1 = -x_2$, an denen $G_f$ die Steigung $0 < m < 0{,}5$ hat. Für $m = 0{,}4$ sind das $x_1 = \ln 2 \approx 0{,}693$ und $x_2 = \ln\frac{1}{2} \approx -0{,}693$.

d) $g(x) = \arctan(e^x) - \frac{1}{4}\pi = \arcsin \dfrac{e^x}{\sqrt{1 + e^{2x}}} - \frac{1}{4}\pi$

$= \frac{1}{2}\pi - \arccos \dfrac{e^x}{\sqrt{1 + e^{2x}}} - \frac{1}{4}\pi = -\operatorname{arccot}(e^x) + \frac{1}{4}\pi$

$= -\arctan(e^{-x}) + \frac{1}{4}\pi = -g(-x)$, d. h. f ist punktsymmetrisch zu Z.

e) s. Fig. 14.28

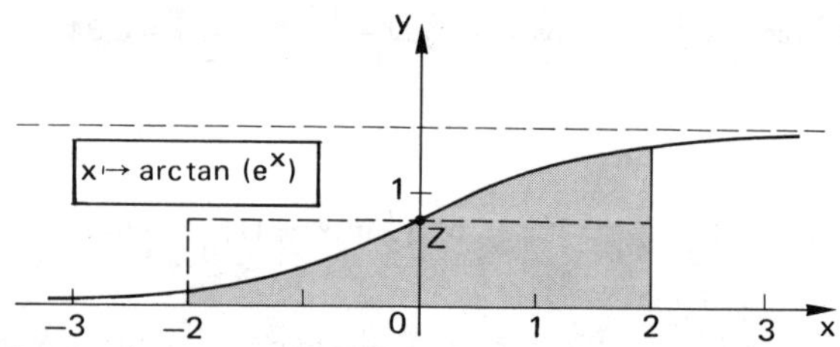


Fig. 14.28

f) $\int\limits_{-2}^{2} \arctan(e^x)dx = 4 \cdot f(0) = \pi$ (Ausnutzung der Symmetrieeigenschaft)

## 14.2. Ergänzungen und Ausblicke

**S. 326** 1. Für $n = 7$ gilt: $|r_8| = \dfrac{1}{15 \cdot 3^7} = \dfrac{1}{32805} < 0{,}3 \cdot 10^{-4} < 0{,}5 \cdot 10^{-4}$ (Forderung).

Also $\pi \approx 2 \cdot \sqrt{3}\,(1 - \frac{1}{3 \cdot 3} + \frac{1}{5 \cdot 3^2} - \ldots + \frac{1}{13 \cdot 3^6}) = 3{,}1416$

2. $f < |r_5| = \frac{(0,3)^9}{9} = 0,0000022 < 0,5 \cdot 10^{-5}$, d. h. arctan 0,3 ist dann auf fünf Stellen genau. arctan 0,3 = 0,29146 . **S. 326**

3. s. Fig. 14.29 .

4. s. Fig. 14.30 .

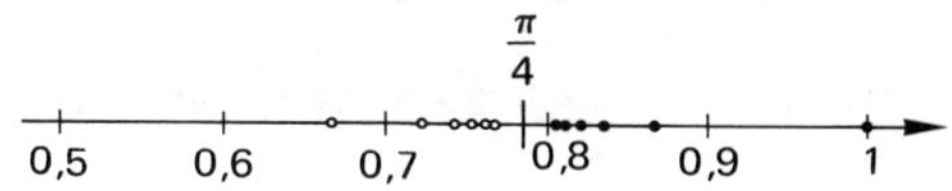

Fig. 14.29

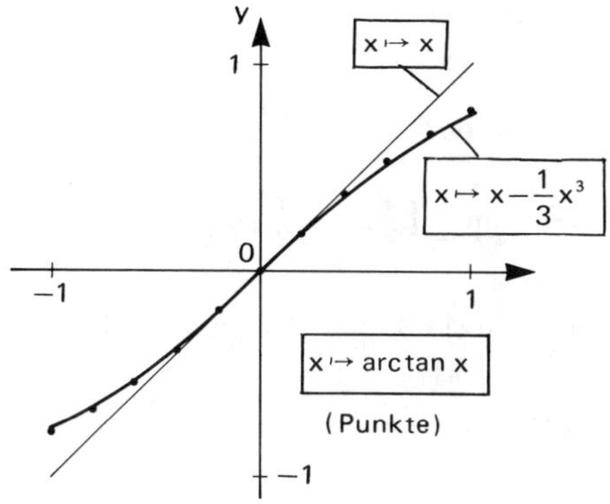

Fig. 14.30

5. a) Es gilt: $(1 + z)(1 - z + z^2 - \ldots + (-1)^{n-1}z^{n-1}) = 1 + (-1)^{n-1}z^n$; daraus folgt die Behauptung für jede natürliche Zahl n. **S. 327**

b) Für $x \geqslant 0$ gilt aufgrund von a):

$$\int_0^x \frac{dz}{1+z} = \int_0^x (1 - z + z^2 - \ldots + (-1)^{n-1}z^{n-1})\,dz + \int_0^x (-1)^n \frac{z^n}{1+z}\,dz$$ und damit die Behauptung.

c) Für alle $z \in \mathbb{R}_0^+$ gilt: $\frac{z^n}{1+z} \leqslant z^n$, d. h.:

$$\left|\int_0^x (-1)^n \frac{z^n}{1+z}\,dz\right| \leqslant \left|\int_0^x z^n dz\right| \leqslant \left|\frac{x^{n+1}}{n+1}\right|.$$ Für $0 \leqslant x < 1$ gilt $\lim_{n\to\infty}\left|\frac{x^{n+1}}{n+1}\right| = 0$

und damit die angegebene Darstellung.

d) Teilsummenfolgen: (1) $x\,;\; x - \frac{x^2}{2} + \frac{x^3}{3}\,;\; x - \frac{x^2}{2} + \frac{x^3}{3} - \frac{x^4}{4} + \frac{x^5}{5}\,;\; \ldots$

(2) $x - \frac{x^2}{2}\,;\; x - \frac{x^2}{2} + \frac{x^3}{3} - \frac{x^4}{4}\,;\; \ldots$

Für $0 \leqslant x < 1$ nimmt die Folge (1) monoton ab, die Folge (2) monoton zu. Die Differenz zweier entsprechender Glieder der beiden Folgen geht gegen Null; d. h. der Grenzwert existiert für $0 \leqslant x < 1$ .

e) ln 1,1 = 0,0953 . Zur Berechnung sind drei Gleider der Reihe zu berücksichtigen, da die Reihe alterniert und $f < \frac{(0,1)^4}{4} < 0,5 \cdot 10^{-4}$ gilt. ln 1,2 = 0,1823 . Vier Glieder müssen berücksichtigt werden.

**S. 327** f) $\ln\frac{3}{2} = \ln 3 - \ln 2 = 0{,}405$ 
$\ln\frac{4}{3} = 2\ln 2 - \ln 3 = 0{,}288$ 
Addition liefert: $\ln 2 = 0{,}693$ .

Damit wird $\ln 3 = \ln 2 + 0{,}405 = 1{,}098$ und $\ln 6 = \ln 2 + \ln 3 = 1{,}791$ .

**15.1.**

**S. 330** 1. a) $2 \cdot \lim\limits_{b\to\infty} \int\limits_2^b x^{-2}\,dx = 2 \cdot \lim\limits_{b\to\infty} \left[-b^{-1} + \frac{1}{2}\right] = 1$

b) $-\lim\limits_{a\to-\infty} \int\limits_a^{-1} x^{-3}\,dx = -\lim\limits_{a\to-\infty} \left[\frac{1}{2}a^{-2} - \frac{1}{2}\right] = \frac{1}{2}$

c) $\lim\limits_{b\to\infty} \left[\int\limits_1^b 5x^{-3}\,dx + \int\limits_1^b x^{-2}\,dx\right] = 5 \cdot \lim\limits_{b\to\infty} \left[-\frac{1}{2}b^{-2} + \frac{1}{2}\right] + \lim\limits_{b\to\infty} \left[-b^{-1} + 1\right] = \frac{7}{2}$

d) $\lim\limits_{b\to\infty} [\arctan b - \arctan 0] = \frac{1}{2}\pi$

e) $x = 0$ ist Symmetrieachse, also $2\int\limits_0^\infty \frac{dx}{1+x^2} = \pi$, s. 1.d)

**S. 331** 1. f) $-\int\limits_{-1}^{-\infty} x^{-3}\,dx = -\frac{1}{2}$, s. 1.b)

g) $\lim\limits_{b\to\infty} \left[\int\limits_1^b x^{-2}\,dx + \int\limits_1^b x^{-3}\,dx\right] = \lim\limits_{b\to\infty} \left[-b^{-1} + 1 + \frac{1}{2}b^{-2} - \frac{1}{2}\right] = \frac{1}{2}$

h) Integral existiert nicht, da $\lim\limits_{b\to\infty} \int\limits_1^b x^{-1}\,dx$ nicht existiert.

i) $\lim\limits_{b\to\infty} \int\limits_2^b \frac{1}{2}x^{-\frac{3}{2}}\,dx = \lim\limits_{b\to\infty} \left[-b^{-\frac{1}{2}} + \frac{1}{2}\sqrt{2}\right] = \frac{1}{2}\sqrt{2}$

k) $\lim\limits_{b\to\infty} \int\limits_1^b x^{-\frac{4}{3}}\,dx = \lim\limits_{b\to\infty} \left[-3b^{-\frac{1}{3}} + 3\right] = 3$

2. a) $A_c = \int\limits_{\frac{1}{2}}^1 x^3\,dx + \int\limits_1^c x^{-2}\,dx = \frac{79}{64} - \frac{1}{c}$

b) $\lim\limits_{c\to\infty} A_c = \frac{79}{64}$

3. a) Wegen $\frac{1}{1+x^3} < \frac{1}{1+x^2}$ für alle $x \in ]1\,;\infty[$ gilt $\int\limits_1^\infty \frac{dx}{1+x^3} < \int\limits_1^\infty \frac{dx}{1+x^2} = \frac{1}{4}\pi$ .

Weil $f\colon x \to \frac{1}{1+x^3}$ in $[0\,;1]$ stetig ist, existiert $\int\limits_0^\infty \frac{dx}{1+x^3}$ .

b) Wegen $\dfrac{1}{x\sqrt{x} + \arctan x} < \dfrac{1}{x\sqrt{x}}$ für alle $x \in [1\,;\infty[$ gilt

$$\int_1^\infty \frac{dx}{x\sqrt{x} + \arctan x} < \int_1^\infty \frac{dx}{x\sqrt{x}} = 2\,.$$

4. a) $\lim\limits_{h\to 0} \dfrac{f(x_0+h) - f(x_0)}{h} = \lim\limits_{h\to 0} \dfrac{2x_0+h}{(1-x_0^2)\,[1-(x_0+h)^2]} = \dfrac{2x_0}{(1-x_0^2)^2}$ für alle $x_0 \in\, ]1\,;\infty[$ ;

$f'(x) = \dfrac{2x}{(1-x^2)^2}$ . $g'(x) = \dfrac{2x}{(1-x^2)^2} = f'(x)$

b) Die Graphen von f und g haben für jedes feste $x_0 \in ]1\,;\infty[$ die gleiche positive Steigung; der Graph von g geht aus dem von f durch Parallelverschiebung um $-1$ in y-Richtung $(g(x) = f(x) - 1)$ hervor. Beide Graphen verlaufen im 4. Quadranten; $g(x) < f(x)$ .

c) s. Fig. 15.1 .

d) $\lim\limits_{b\to\infty} \int_2^b \dfrac{2x}{(1-x^2)^2}\,dx =$

$\lim\limits_{b\to\infty} \left[\dfrac{1}{1-b^2} + \dfrac{1}{3}\right] = \dfrac{1}{3} =$

$\lim\limits_{b\to\infty} \left[\dfrac{b^2}{1-b^2} + \dfrac{4}{3}\right]$

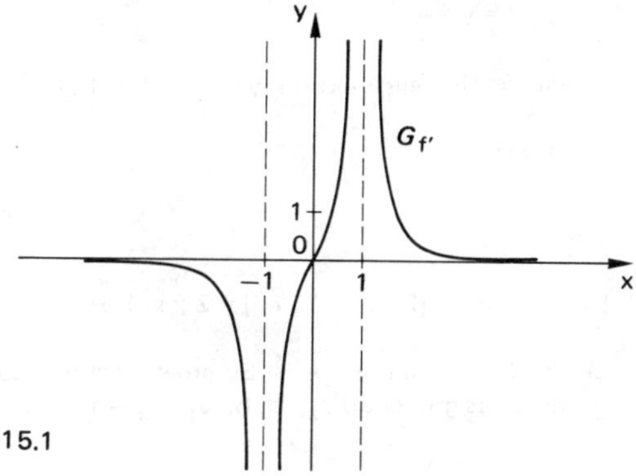


Fig. 15.1

5. a) Eine geeignete Treppenfunktion ist $g\colon x \to \dfrac{1}{[x+1]^k}$ . Wegen

$\sum\limits_{k=1}^\infty \dfrac{1}{\nu^k} = \int_0^\infty \dfrac{dx}{[x+1]^k} < \int_1^\infty \dfrac{dx}{x^k} + 1 = \dfrac{k}{k-1}$ ist die Reihe konvergent; s. Fig. 15.2 .

b) Für $x \geqslant 1$ ist $h\colon x \to \dfrac{1}{[x]}$ eine geeignete Treppenfunktion. Wegen

$\sum\limits_{k=1}^\infty \dfrac{1}{\nu} = \int_1^\infty \dfrac{dx}{[x]} > \int_1^\infty \dfrac{dx}{x}$ divergiert die Reihe, da $\lim\limits_{b\to\infty} \int_1^b \dfrac{dx}{x}$ nicht existiert; s. Fig. 15.3 .

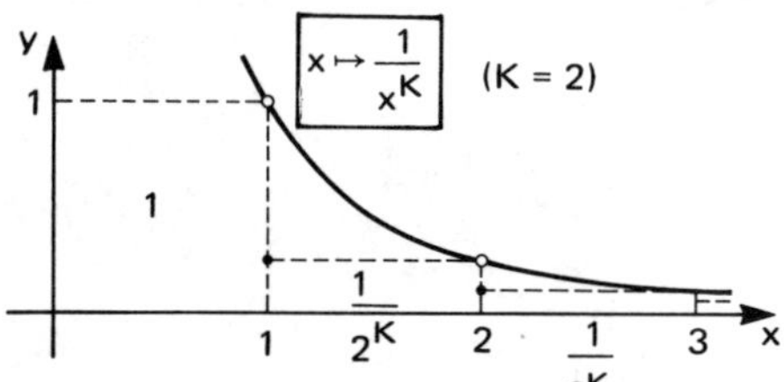


Fig. 15.2

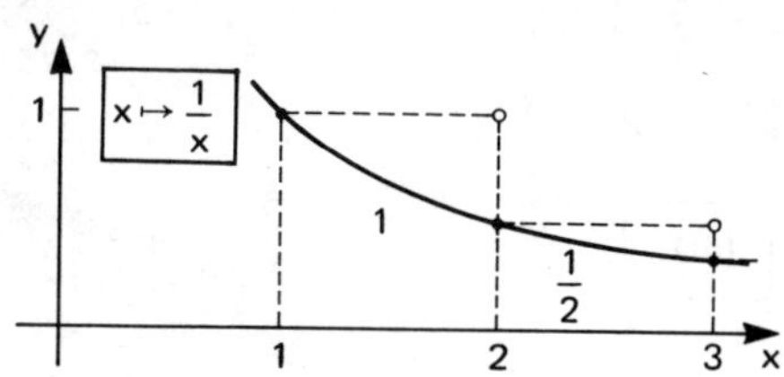


Fig. 15.3

**15.2.**

S. 333 1. a) $\lim\limits_{\epsilon\to 0+0} \int\limits_{\epsilon}^{8} x^{-\frac{2}{3}} dx = \lim\limits_{\epsilon\to 0+0} \left[3\cdot\sqrt[3]{8} - 3\sqrt[3]{\epsilon}\right] = 6$

b) $\lim\limits_{\epsilon\to 0+0} \int\limits_{\epsilon}^{4} x^{-\frac{3}{2}} dx = \lim\limits_{\epsilon\to 0+0} \left[-2\cdot\frac{1}{\sqrt{4}} + 2\cdot\frac{1}{\sqrt{\epsilon}}\right]$; Grenzwert existiert nicht.

c) $\lim\limits_{\epsilon\to 0+0} \int\limits_{\epsilon}^{1} \frac{dx}{\sqrt{1-x^2}} = \lim\limits_{\epsilon\to 0+0} [\arcsin 1 - \arcsin \epsilon] = \frac{1}{2}\pi$

d) $\lim\limits_{\epsilon\to 0+0} \int\limits_{\epsilon}^{4} \frac{dx}{\sqrt{x}} = \lim\limits_{\epsilon\to 0+0} [2\sqrt{4} - 2\sqrt{\epsilon}] = 4$

2. a) $f_1(x) = y = \frac{1}{\sqrt{x}} \overset{\mathbb{R}^+}{\Longleftrightarrow} x = \frac{1}{y^2}$ ;

daraus Umkehrfunktion $y = \frac{1}{x^2} = f_2(x)$ .

s. Fig. 15.4 .

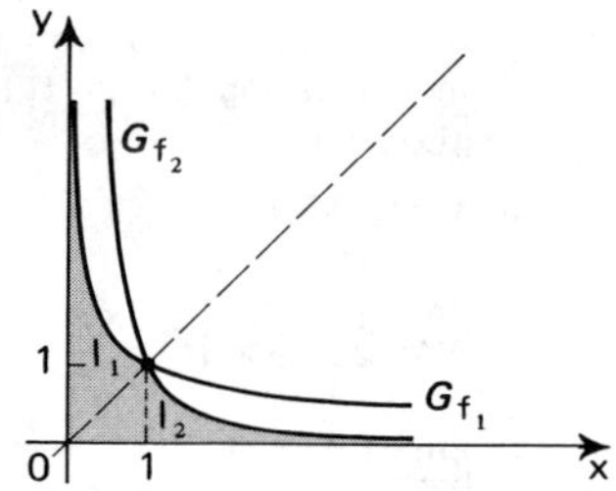


Fig. 15.4

b) $J_1 = \lim\limits_{\epsilon\to 0+0} [2\sqrt{1} - 2\sqrt{\epsilon}] = 2$ ; s. 1.d)

c) Die Gerade mit $y = x$ ist Symmetrieachse; also ist $J_1$ um die Fläche des Einheitsquadrats größer als $J_2$ , d. h. $J_2 = J_1 - 1 = 1$ .

d) $J_2 = \lim\limits_{b\to\infty} \int\limits_{1}^{b} x^{-2} dx = \lim\limits_{b\to\infty} [-b^{-1} + 1] = 1$

3. $f'(x) = \frac{1}{\sqrt{a^2 - x^2}}$ ; $\lim\limits_{\epsilon\to 0+0} \int\limits_{\epsilon}^{a} f'(x)\,dx = \lim\limits_{\epsilon\to 0+0} [\arcsin 1 - \arcsin \frac{\epsilon}{a}] = \frac{1}{2}\pi$ .

4. a) Definitionslücke bei $x_0 = 0$; Integrand ist gerade Funktion, d. h.

$2\cdot\lim\limits_{\epsilon\to 0+0} \int\limits_{\epsilon}^{1} x^{-\frac{2}{3}} dx = 2\cdot\lim\limits_{\epsilon\to 0+0} [3\cdot\sqrt[3]{1} - 3\sqrt[3]{\epsilon}] = 6$ ; s. 1.a)

b) Definitionslücke bei $x_0 = 0$; Integrand ist gerade Funktion, d. h.

$2\cdot\lim\limits_{\epsilon\to 0+0} \int\limits_{\epsilon}^{1} x^{-\frac{1}{2}} dx = 2\cdot\lim\limits_{\epsilon\to 0+0} [2\sqrt{1} - 2\sqrt{\epsilon}] = 4$ ; s. 2.b)

**16.1.**

S. 340 1. a) $\int\limits_{1}^{2} t^3 dt = \left[\frac{1}{4}t^4\right]_1^2 = \frac{15}{4}$  b) $\int\limits_{0}^{1} t^2 dt = \left[\frac{1}{3}t^3\right]_0^1 = \frac{1}{3}$

2. a) $\frac{1}{9}\int_1^4 \sqrt{t}\,dt - \frac{1}{9}\int_1^4 \frac{1}{\sqrt{t}}\,dt = \frac{1}{9}\left[\frac{2}{3}\sqrt{t^3} - 2\sqrt{t}\,\right]_1^4 = \frac{8}{27}$ **S. 340**

b) $\frac{2}{9}\int_2^4 (t^2-1)\,dt = \frac{2}{9}\left[\frac{1}{3}t^3 - t\right]_2^4 = \frac{100}{27}$

3. a) $D_{f(x)} = \mathbb{R},\ F(x) = \frac{1}{4}(1+x)^4 + C$

b) $D_{f(x)} = \mathbb{R}\setminus\{2\},\ F(x) = -\frac{1}{x-2} + C$

c) $D_{f(x)} = \{x \mid x \geqslant -1\},\ F(x) = \frac{2}{3}\sqrt{(1+x)^3} + C$

d) $D_{f(x)} = \{x \mid x \geqslant -3\},\ F(x) = \frac{3}{4}\sqrt[3]{(3+x)^4} + C$

e) $D_{f(x)} = \mathbb{R},\ F(x) = -\frac{1}{5}(2-x)^5 + C$

f) $D_{f(x)} = \mathbb{R}\setminus\{-\frac{3}{2}\},\ F(x) = -\frac{1}{2(3+2x)} + C$

g) $D_{f(x)} = \{x \mid x \geqslant -\frac{2}{3}\},\ F(x) = \frac{2}{9}\sqrt{(2+3x)^3} + C$

h) $D_{f(x)} = \mathbb{R},\ F(x) = -\frac{1}{2}\cos 2x + C$

i) $D_{f(x)} = \mathbb{R},\ F(x) = \frac{1}{2}\sin 2x + C$

k) $D_{f(x)} = \mathbb{R},\ F(x) = -\frac{1}{\omega}\cos \omega x + C$

l) $D_{f(x)} = \mathbb{R},\ F(x) = \frac{1}{2}(\sin x)^2 + C$ ; Substitution: $t = \sin x$

m) $D_{f(x)} = \mathbb{R},\ F(x) = \frac{1}{2}\int(1-\cos 2x)\,dx = -\frac{1}{4}\sin 2x + \frac{1}{2}x + C$

$= -\frac{1}{2}\sin x\cos x + \frac{1}{2}x + C$

n) $D_{f(x)} = \mathbb{R}\setminus\{2\},\ F(x) = -2\int t^{-3}dt + \int t^{-2}dt = \frac{x-1}{(2-x)^2} + C$ ; Substitution: $t = 2 - x$ .

o) $D_{f(x)} = \mathbb{R}\setminus\{-1\},\ F(x) = \int t^{-2}dt - 2\int t^{-3}dt + \int t^{-4}dt = -\frac{3x^2+3x+1}{3(1+x)^3} + C$ ;
Substitution: $t = 1 + x$ .

p) $D_{f(x)} = \{x \mid x < 1\},\ F(x) = \int\sqrt{t}\,dt - \int\frac{1}{\sqrt{t}}\,dt = -\frac{2}{3}(x+2)\sqrt{1-x} + C$ ;
Substitution: $t = 1 - x$ .

q) $D_{f(x)} = \{x \mid x \geqslant -1\},\ F(x) = \int\sqrt{t^3}\,dt - \int\sqrt{t}\,dt = \frac{2}{15}(1+x)(3x-2)\sqrt{1+x} + C$ ;
Substitution: $t = 1 + x$ .

**S. 340** r) $D_{f(x)} = \mathbb{R}$, $F(x) = \frac{1}{2}\int t^3\,dt = \frac{1}{8}(x^2-1)^4 + C$ ; Substitution: $t = x^2 - 1$ .

s) $D_{f(x)} = \{x \mid |x| \leqslant 3\}$, $F(x) = -\frac{1}{2}\int \sqrt{t}\,dt = -\frac{1}{3}\sqrt{(9-x^2)^3} + C$ ;
Substitution: $t = 9 - x^2$ .

t) $D_{f(x)} = \{x \mid |x| < |a|\}$, $F(x) = -\frac{1}{2}\int \frac{dt}{\sqrt{t}} = -\sqrt{a^2 - x^2} + C$ ; Substitution: $t = a^2 - x^2$ .

u) $D_{f(x)} = \mathbb{R} \setminus \{-1\,;1\}$, $F(x) = -\frac{1}{2}\int t^{-2}\,dt = \frac{1}{2(1-x^2)} + C$ ; Substitution: $t = 1 - x^2$ .

4. a) Substitution: $t = \sin x$. $F_2(x) = \frac{1}{3}(\sin x)^3 + 2$

b) Substitution: $t = \cos x$. $F_1(x) = -\frac{1}{4}(\cos x)^4 + 1$

c) Substitution: $t = \cos x$. $F_{11/24}(x) = -\cos x + \frac{1}{3}(\cos x)^3 + \frac{11}{24}$

d) Substitution: $t = \tan x$. $F_{4/3}(x) = \frac{2}{3}\tan x\sqrt{\tan x} + \frac{4}{3}$

5. a) Substitution: $t = x^2$. $F_1(x) = \frac{1}{2}\arctan x^2 + 1$

b) Substitution: $t = x^2$. $F_{-\pi/4}(x) = \frac{1}{2}\arcsin x^2 - \frac{\pi}{4}$

c) Substitution: $t = x^3$. $F_2(x) = \frac{1}{3}\arctan x^3 + 2$

d) Substitution: $t = x^3$. $F_\pi(x) = \frac{1}{3}\arcsin x^3 + \pi$

6. a) Substitution: $t = -x$. $-\int e^t dt = -e^{-x} + C$

b) Substitution: $t = 2x + 3$. $\frac{1}{2}\int e^t dt = \frac{1}{2}e^{2x+3} + C$

c) Substitution: $t = -3x + 2$. $-\frac{1}{3}\int e^t dt = -\frac{1}{3}e^{-3x+2} + C$

d) Substitution: $t = x^2$. $\frac{1}{2}\int e^t dt = \frac{1}{2}e^{x^2} + C$

e) Substitution: $t = \sqrt{x}$. $2\int e^t dt = 2\,e^{\sqrt{x}} + C$

f) Substitution: $t = \cos x$. $-\int e^t dt = -e^{\cos x} + C$

g) Substitution: $t = 1 - e^x$. $-\int t^{-1}\,dt = -\ln|1-e^x| + C$

h) Substitution: $t = e^x + e^{-x}$. $\int t^{-1}\,dt = \ln(e^x + e^{-x}) + C$

7. a) Substitution: $t = \ln x$. $\int t\,dt = \frac{1}{2}(\ln x)^2 + C$

b) Substitution: $t = \ln x$. $\int \sqrt{t}\,dt = \frac{2}{3}\ln x\sqrt{\ln x} + C$

c) Substitution: $t = 1 + \ln x$. $\int \sqrt{t}\,dt = \frac{2}{3}(1 + \ln x)\sqrt{1 + \ln x} + C$

d) Substitution: $t = \ln x$. $\int t^2 dt = \frac{1}{3}(\ln x)^3 + C$ **S. 340**

8. a) Substitution: $t = 1 - x$. $\int t^{-1} dt - \int t^{-2} dt = \ln|1-x| + \frac{1}{1-x} + C$ **S. 341**

b) Substitution: $t = 1 - x$. $-\int [t^{-1} - 2t^{-2} + t^{-3}]\, dt =$

$$-\ln|1-x| - \frac{2}{1-x} + \frac{1}{2(1-x)^2} + C$$

c) Substitution: $t = 1 - x$. $-\int [t^{-4} - 3t^{-3} + 3t^{-2} - t^{-1}]\, dt =$

$$\frac{1}{3(1-x)^3} - \frac{3}{2(1-x)^2} + \frac{3}{1-x} + \ln|1-x| + C$$

9. a) $\frac{1}{2}\int \frac{\sin\frac{x}{2}}{\cos\frac{x}{2}}\, dx + \frac{1}{2}\int \frac{\cos\frac{x}{2}}{\sin\frac{x}{2}}\, dx = \ln\left|\tan\frac{x}{2}\right| + C$

b) $-\int \frac{dt}{\sin t} = -\ln\left|\tan\left(\frac{\pi}{4} - \frac{x}{2}\right)\right| + C = \ln\left|\cot\left(\frac{\pi}{4} - \frac{x}{2}\right)\right| + C$

$= \ln\left|\frac{1 + \tan\frac{x}{2}}{1 - \tan\frac{x}{2}}\right| + C$, s. 9.a) !

10. a) $-\int \frac{dt}{\sqrt{1-t^2}} = \arccos\frac{1}{x} + C_1 = -\arcsin\frac{1}{x} + C_2$

b) $-\int \frac{t\, dt}{\sqrt{t^2-1}} = -\frac{\sqrt{1-x^2}}{x} + C$

11. a) $\int \frac{dx}{1 + (\frac{x}{3})^2} = 3\arctan\frac{x}{3} + C$

b) $\int \frac{dx}{a^2\,(1 + (\frac{x}{a})^2)} = \frac{1}{a}\arctan\frac{x}{a} + C$ für $a \neq 0$; $-\frac{1}{x} + C$ für $a = 0$

c) $\frac{1}{16}\int \frac{dx}{1 + (\frac{5}{4}x)^2} = \frac{1}{20}\arctan\frac{5}{4}x + C$

d) $\int \frac{dx}{1 + (\frac{3-2x}{5})^2} = -\frac{5}{2}\arctan\frac{3-2x}{5} + C$

e) $\int \frac{dx}{1 + (4-x)^2} = -\arctan(4-x) + C = \arctan(x-4) + C$

f) $\int \frac{dx}{4 + (1-x)^2} = -\frac{1}{2}\arctan\frac{1-x}{2} + C = \frac{1}{2}\arctan\frac{x-1}{2} + C$, s. 11.b) !

S. 341 g) $\int \frac{dx}{16+(2-3x)^2} = -\frac{1}{12}\arctan\frac{2-3x}{4} + C = \frac{1}{12}\arctan\frac{3x-2}{4} + C$, s. 11.b) !

h) $\int \frac{dx}{\frac{4p-q^2}{4} + (\frac{q}{2}+x)^2} = \frac{2}{\sqrt{4p-q^2}}\arctan\frac{2x+q}{\sqrt{4p-q^2}} + C$, s. 11.b) !

i) $\frac{1}{c}\int \frac{dx}{\frac{4ac-b^2}{4c^2} + (\frac{b}{2c}+x)^2} = \frac{2}{\sqrt{4ac-b^2}}\arctan\frac{2cx+b}{\sqrt{4ac-b^2}} + C$, s. 11.h) !

12. a) $\int \frac{dx}{\sqrt{1-(\frac{x}{2})^2}} = 2\arcsin\frac{x}{2} + C$

b) $\frac{1}{a}\int \frac{dx}{\sqrt{1-(\frac{x}{a})^2}} = \arcsin\frac{x}{a} + C$

c) $\int \frac{dx}{\sqrt{9-4x^2}} = \frac{1}{2}\arcsin\frac{2x}{3} + C$, s. 12.b)!

d) $\int \frac{dx}{\sqrt{1-(\frac{2x-5}{3})^2}} = \frac{3}{2}\arcsin\frac{2x-5}{3} + C$

e) $\int \frac{dx}{\sqrt{1-(3-x)^2}} = -\arcsin(3-x) + C = \arcsin(x-3) + C$

f) $\int \frac{dx}{\sqrt{36-(2+3x)^2}} = \frac{1}{3}\arcsin\frac{3x+2}{6} + C$, s. 12.b) !

g) $\int \frac{dx}{\sqrt{25-(1-4x)^2}} = -\frac{1}{4}\arcsin\frac{1-4x}{5} + C = \frac{1}{4}\arcsin\frac{4x-1}{5} + C$, s. 12.b) !

h) I. Fall: $c = 0,\ b \neq 0.\ J = \frac{2}{b}\sqrt{a+bx} + C$

II. Fall: $c > 0,\ (a\,;b) \neq (0\,;0)$.

$$\frac{1}{\sqrt{c}}\int \frac{dx}{\sqrt{\frac{4ac+b^2}{4c^2} - (\frac{b}{2c}-x)^2}} = \frac{1}{\sqrt{c}}\arcsin\frac{2cx-b}{\sqrt{4ac+b^2}} + C$$, s. 12.b) !

III. Fall: $c < 0,\ (a\,;b) \neq (0\,;0)$.

$$\frac{1}{\sqrt{-c}}\int \frac{dx}{\sqrt{(\frac{b}{2c}-x)^2 - \frac{b^2+4ac}{4c^2}}} = \frac{1}{\sqrt{-c}}\ln\left|x-\frac{b}{2c}+\sqrt{(x-\frac{b}{2c})^2-\frac{b^2+4ac}{4c^2}}\right| + C$$

mit Substitution $t = x - \frac{b}{2c} + \sqrt{(x-\frac{b}{2c})^2 - \frac{b^2+4ac}{4c^2}}$, s. auch 16.2. Aufgabe 12.b), S. 347!

i) I. Fall: $c = 0,\ b \neq 0.\ J = -\frac{2}{b}\sqrt{a-bx} + C$

II. Fall: $c > 0,\ (a\,;b) \neq (0\,;0)$.

$$\frac{1}{\sqrt{c}}\int \frac{dx}{\sqrt{\frac{4ac+b^2}{4c^2} - (\frac{b}{2c}+x)^2}} = \frac{1}{\sqrt{c}}\arcsin\frac{2cx+b}{\sqrt{4ac+b^2}} + C$$, s. 12.b)!

III. Fall: $c < 0$, $(a\,;b) \neq (0\,;0)$. **S. 341**

$$\frac{1}{\sqrt{-c}} \int \frac{dx}{\sqrt{(\frac{b}{2c}+x)^2 - \frac{b^2+4ac}{4c^2}}} = \frac{1}{\sqrt{-c}} \ln \left| (x+\frac{b}{2c}) + \sqrt{(x+\frac{b}{2c})^2 - \frac{b^2+4ac}{4c^2}} \right| + C$$

mit Substitution $t = x + \frac{b}{2c} + \sqrt{(x+\frac{b}{2c})^2 - \frac{b^2+4ac}{4c^2}}$ ; s. auch 16.2. Aufgabe 12.b), S. 347!

13. a) $\frac{2}{9}\left[\sqrt{(4+3x)^3}\right]_0^4 = \frac{112}{9} \approx 12{,}44$ b) $-\frac{2}{7}\left[\sqrt{16-7x}\right]_0^1 = \frac{2}{7}$

c) $\frac{1}{9}\left[\sqrt{(3x^2+4)^3}\right]_0^2 = \frac{56}{9} \approx 6{,}22$ d) $\frac{2}{3}\left[\sqrt{16+x^3}\right]_0^2 = \frac{4}{3}\sqrt{6} - \frac{8}{3} \approx 0{,}5993$

e) $2\left[\sqrt{x^2+ax}\right]_0^a = 2\,|a|\sqrt{2}$

f) $\frac{1}{a}\left[\sin ax\right]_{1/a}^{2/a} = \frac{1}{a}(\sin 2 - \sin 1) \approx \frac{1}{a} \cdot 0{,}07$

g) $\frac{1}{2}\left[\sin x^2\right]_0^{\sqrt{2}} = \frac{1}{2}\sin 2 \approx 0{,}4546$ h) $-2\left[\sqrt{1-\sin x}\right]_0^{\pi/6} = -\sqrt{2} + 2 \approx 0{,}5859$

i) $\frac{1}{4}\left[\arctan \frac{x}{4}\right]_0^2 = \frac{1}{4}\arctan \frac{1}{2} \approx 0{,}1159$ k) $\left[\arcsin \frac{x}{2}\right]_0^{\sqrt{3}} = \arcsin \frac{1}{2}\sqrt{3} = \frac{1}{3}\pi$

l) $\frac{1}{2}\int\limits_0^{\frac{1}{2}a^2} \frac{dt}{\sqrt{a^4-t^2}} = \frac{1}{2}\left[\arcsin \frac{t}{a^2}\right]_0^{\frac{1}{2}a^2} = \frac{1}{12}\pi$

m) $\frac{1}{2}\int\limits_0^{\frac{1}{2}\sqrt{2}} \frac{dx}{(x-\frac{1}{2})^2+\frac{1}{4}} = \left[\arctan(2x-1)\right]_0^{\frac{1}{2}\sqrt{2}} = \frac{3}{8}\pi \approx 1{,}1781$

n) $\int\limits_{0,5}^{1,5} \frac{dx}{\sqrt{1-(x-1)^2}} = \left[\arcsin(x-1)\right]_{0,5}^{1,5} = \frac{1}{3}\pi$

o) $\int\limits_2^3 \frac{dx}{(x-\frac{1}{2})^2+\frac{3}{4}} = \frac{2}{3}\left[\arctan \frac{2x-1}{\sqrt{3}}\right]_2^3 = \frac{2}{3}(\arctan \frac{5}{3} - \frac{\pi}{3}) \approx 0{,}2195$

p) $\int\limits_0^{0,5} \frac{dx}{\sqrt{\frac{25}{16} - (2x-\frac{3}{4})^2}} = \frac{1}{2}\left[\arcsin \frac{8x-3}{5}\right]_0^{0,5} = \frac{1}{2}(\arcsin \frac{1}{5} + \arcsin \frac{3}{5}) \approx 0{,}4224$

14. a) $\left[\frac{5}{2}e^{2x}\right]_0^{0,5} = \frac{5}{2}(e-1) \approx 4{,}2957$ b) $\frac{2}{3}\left[\sqrt{(e^x-1)^3}\right]_0^1 = \frac{2}{3}\sqrt{(e-1)^3} \approx 1{,}5016$ **S. 342**

c) $\frac{1}{2}\left[\ln(2e^x-1)\right]_0^1 = \frac{1}{2}\ln(2e-1) \approx 0{,}7449$

**S. 342** d) $f(t) = \left[\frac{1}{t} e^{tx}\right]_0^{\frac{1}{t}} = \frac{1}{t}(e-1)$, d. h. $f(e) = 1 - e^{-1} \approx 0{,}6321$ e) $\dot{\varphi}(t) = e^{\sin t}$, also $\dot{\varphi}(\frac{\pi}{2}) = e$

15. a) Substitution: $t = 4 - x$. $\lim\limits_{b\to 4-0} \left[\frac{2}{3}\sqrt{(4-x)^3} - 8\sqrt{4-x}\,\right]_0^b = \frac{32}{3}$

b) $\lim\limits_{b\to a} \left[\arcsin \frac{x}{a}\right]_0^b = \arcsin 1 = \frac{1}{2}\pi$ c) $\lim\limits_{b\to\infty} \left[\frac{1}{a}\arctan \frac{x}{a}\right]_0^b = \frac{1}{2a}\pi$

d) $\lim\limits_{b\to\infty} \left[-\frac{2}{\sqrt{a+x}}\right]_0^b = \frac{2}{a}\sqrt{a}$ mit $a > 0$ e) $\lim\limits_{b\to\infty} \frac{1}{2}\left[-\frac{1}{2(x^2-1)^2}\right]_2^b = \frac{1}{36}$

f) $\lim\limits_{b\to\infty} \int\limits_{-b}^{b} \frac{dx}{(x+\frac{1}{2})^2+\frac{3}{4}} = \lim\limits_{b\to\infty} \left[\frac{2}{\sqrt{3}} \arctan \frac{2x+1}{\sqrt{3}}\right]_{-b}^b = \frac{2}{3}\sqrt{3}\,\pi$

16. a) $a^2 \int (\cos t)^2\,dt = \frac{a^2}{2}\int(1+\cos 2t)\,dt = \frac{a^2}{2}(t+\frac{1}{2}\sin 2t) + C =$

$= \frac{a^2}{2}(t+\sin t\cos t) + C = \frac{a^2}{2}\arcsin\frac{x}{a} + \frac{x}{2}\sqrt{a^2-x^2} + C$

wegen $x \in [-a\,;a] \Rightarrow t = \arcsin\frac{x}{a} \in [\frac{-\pi}{2}; \frac{\pi}{2}] \Rightarrow \cos t = +\sqrt{1-(\sin t)^2}$

b) $A = 4\int\limits_0^a \frac{b}{a}\sqrt{a^2-x^2}\,dx = 2ab\arcsin 1 = ab\pi$

c) Die Ellipse hat die Halbachsen 2a und a, also $A_E = 2a^2\pi$ .

$A_S = 2\int\limits_a^{2a} \frac{1}{2}\sqrt{4a^2-x^2}\,dx = 2a^2\arcsin 1 - 2a^2\arcsin\frac{1}{2} - \frac{a}{2}\sqrt{3a^2} = a^2(\frac{2}{3}\pi - \frac{1}{2}\sqrt{3})$ .

also $A_s : A_E = (\frac{2}{3}\pi - \frac{1}{2}\sqrt{3}) : 2\pi \approx 19{,}55\,\%$

17. a) $D_f = ]-1\,;1[$. $f(-x) = \frac{-x}{\sqrt{1-x^2}} = -f(x)$, d. h. $G_f$ ist punktsymmetrisch zum Ursprung. $f'(x) = \frac{1}{\sqrt{(1-x^2)^3}} > 0$ für alle $x \in D_f$, d. h. $G_f$ steigt streng monoton.

b) $f^{-1}(x) = \frac{x}{\sqrt{1+x^2}}$ c) $A = \left[-\sqrt{1-x^2}\right]_0^{\frac{1}{2}\sqrt{2}} = 1 - \frac{1}{2}\sqrt{2} \approx 0{,}2929$

18. $D_f = ]-2\,;2[$. $f'(x) = \frac{4(x-1)}{(4-x^2)\sqrt{8-2x^2}}$ ,

also Minimum $M(1\,;\frac{1}{2}\sqrt{6})$ .

$A = \frac{1}{2}\sqrt{2}\int\limits_0^1 \left[\frac{4}{\sqrt{4-x^2}} - \frac{x}{\sqrt{4-x^2}}\right]dx =$

$= \frac{1}{2}\sqrt{2}\left[4\arcsin\frac{x}{2} + \sqrt{4-x^2}\right]_0^1$

$= \sqrt{2}\,(\frac{1}{3}\pi + \frac{1}{2}\sqrt{3} - 1) \approx 1{,}2915$ ; s. Fig. 16.1

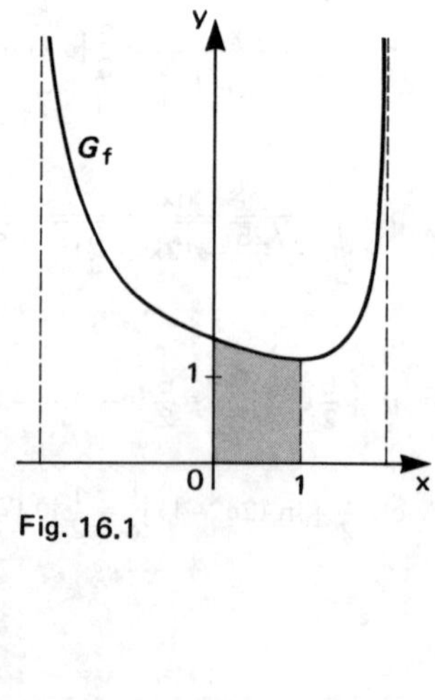


Fig. 16.1

19. Die Relation ist quadratisch in y, d. h. die Kurve verläuft symmetrisch zur x-Achse. Daher Beschränkung auf $f_1 : x \mapsto f_1(x) = \frac{1}{3}x\sqrt{x-3}$. **S. 342**

$D_{f_1} = \{0\} \cup \{x | x \geqslant 3\}$. $A = 2\int_3^7 \frac{1}{3}x\sqrt{x-3}\,dx =$

$= \frac{2}{3}\int_0^4 (t+3)\sqrt{t}\,dt = \frac{2}{3}\left[\frac{2}{5}\sqrt{t^5} + 2\sqrt{t^3}\right]_0^4 =$

$= \frac{96}{5} = 19{,}2$ ; s. Fig. 16.2 .

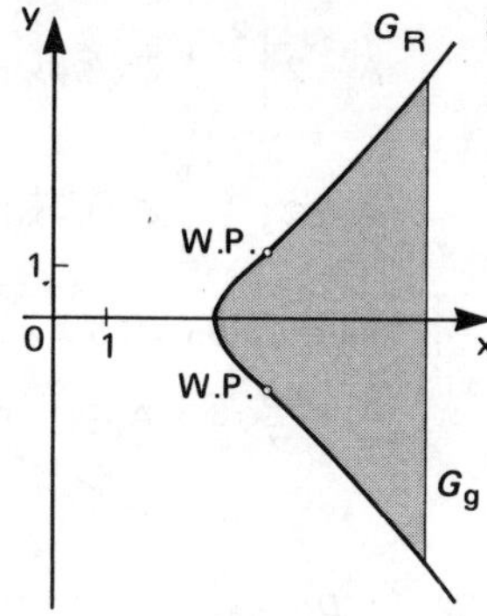


Fig. 16.2

20. a) Die Relationsgleichung ist quadratisch in y, d. h. $G_R$ verläuft symmetrisch zur x-Achse. Beschränkung auf $f_1 : x \mapsto (1+x)\sqrt{1-x^2} = f_1(x)$, $D_{f_1} = \{x | -1 \leqslant x \leqslant 1\} = D_R$.

b) $f_1'(x) = \frac{1 - x^2 - (x^2 + x)}{\sqrt{1-x^2}}$. $\lim\limits_{a \to -1+0} f_1'(a) = 0$, d. h. $G_R$ schmiegt sich mit beiden Ästen bei $x = -1$ an die x-Achse an. $\lim\limits_{a \to 1-0} f_1'(a)$ existiert nicht, d. h. $G_R$ schneidet die x-Achse bei $x = 1$ senkrecht.

c) $f_1'(0) = 1$, also $f_2'(0) = -1$, d. h. Schnittwinkel $\alpha_1 = 45°$, $\alpha_2 = 135°$.

d) $M_1(\frac{1}{2}; \frac{3}{4}\sqrt{3})$ ist absolutes Maximum von $f_1$, d. h. $W_R = \{y | |y| \leqslant \frac{3}{4}\sqrt{3}\}$. **S. 343**

e) $f_1''(x) = \frac{2x^3 - 3x - 1}{(1-x^2)\sqrt{1-x^2}} = \frac{(x+1)(2x^2 - 2x - 1)}{(1-x^2)\sqrt{1-x^2}}$. Nur die einfache Nullstelle

$x_W = \frac{1}{2} - \frac{1}{2}\sqrt{3} \approx -0{,}37$ liefert einen Wendepunkt, da $x_W$ innerer Punkt von $D_R$ ist.

$f_1(x)_W = \frac{1}{4}\sqrt{2}\,(3 - \sqrt{3})\sqrt[4]{3} \approx 0{,}59$ .

f) s. Fig. 16.3

g) $A = 2\int_{-1}^{1} \sqrt{1-x^2}\,dx + 2\int_{-1}^{1} x\sqrt{1-x^2}\,dx =$

$= \left[x\sqrt{1-x^2} + \arcsin x - \frac{2}{3}\sqrt{(1-x^2)^3}\right]_{-1}^{1} = \pi.$

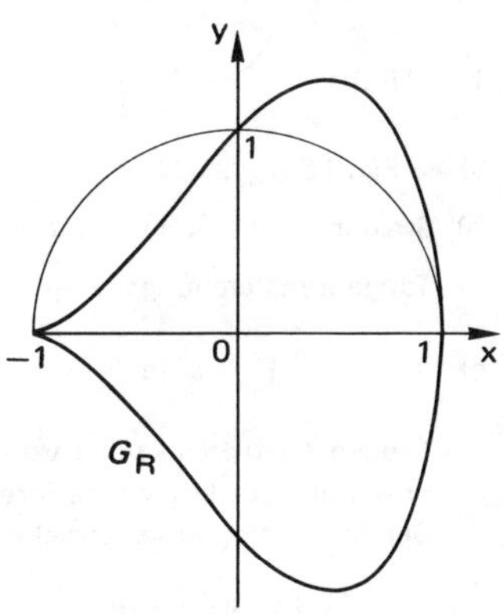


Fig. 16.3

21. Die Relationsgleichung enthält y nur im Quadrat, d. h. $G_R$ verläuft symmetrisch zur x-Achse. Beschränkung auf $f_1 : x \mapsto \frac{1}{4}(x^2 - 4)\sqrt{5-x} = f_1(x)$ .

$D_R = \{x | x \leqslant 5\}$. $f_1$ hat die Nullstellen $x_1 = -2$, $x_2 = 2$ und $x_3 = 5$.

**S. 343**

$$A_1 = 2\left|\int_{-2}^{2} \frac{1}{4}x^2\sqrt{5-x}\,dx - \int_{-2}^{2}\sqrt{5-x}\,dx\right| ,$$

$$A_2 = 2\left(\frac{1}{4}\int_{2}^{5} x^2\sqrt{5-x}\,dx - \int_{2}^{5}\sqrt{5-x}\,dx\right) .$$

Substitution $t = 5 - x$ liefert:

$A_1 = \frac{48}{7}\sqrt{3} = A_2 \approx 11{,}88$ . s. Fig. 16.4 .

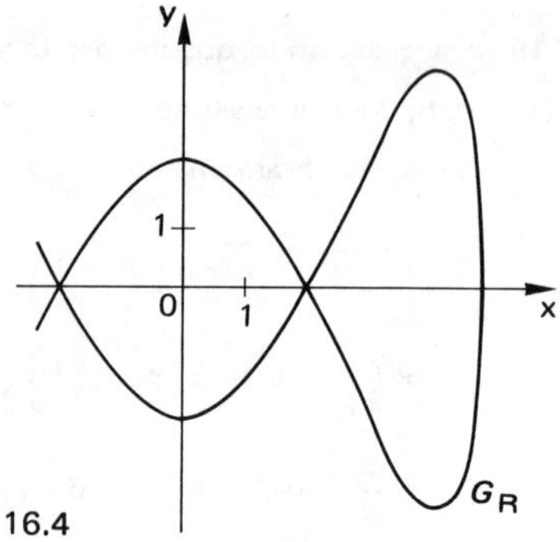


Fig. 16.4

22. a) $D_f = \{x \mid |x| \leqslant 3\}$. $f'(x) = \frac{2x^2 - 3x - 9}{3\sqrt{9-x^2}}$ .

Absolutes Maximum bei $M(-\frac{3}{2}; \frac{9}{4}\sqrt{3})$ ; also $W_f = \{y \mid 0 \leqslant y \leqslant \frac{9}{4}\sqrt{3}\}$, da $f(x) \geqslant 0$.

b) $f'(3) = \lim\limits_{h \to 0} \frac{f(3) - f(3-h)}{h} = \lim\limits_{h \to 0} \frac{0 - \frac{1}{3}h\sqrt{6h-h^2}}{h} = \frac{1}{3}\lim\limits_{h \to 0}\sqrt{6h-h^2} = 0$ .

c) s. Fig. 16.5 . Die Funktion $g: x \mapsto -\frac{1}{3}(3-x)\sqrt{9-x^2}$ ergänzt die Funktion f zur Relation $R$.

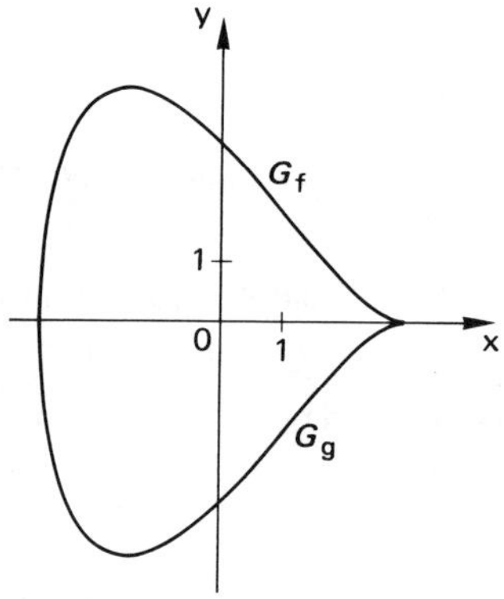


Fig. 16.5

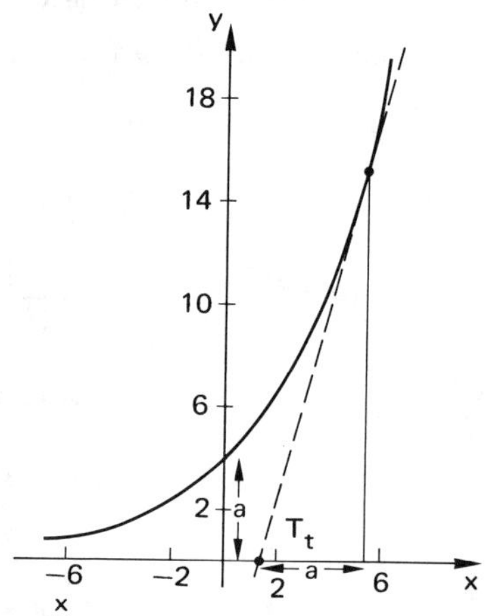


Fig. 16.6

23. a) s. Fig. 16.6 .

b) Steigung des Graphen im Punkt P: $f'(a) = e$, da $f'(x) = e^{\frac{x}{a}}$ .

Tangentengleichung: $y = ex$. Normalengleichung: $y = -\frac{1}{e}x + a(e + e^{-1})$ .

c) $A = [a^2 e^{\frac{x}{a}}]_{-a}^{a} = a^2(e - e^{-1}) \approx 2{,}35\,a^2$ d) $t_S = \left|\frac{f(x_0)}{f'(x_0)}\right| = a = \text{const.}$

Tangentenkonstruktion: Vom Berührpunkt das Lot auf die x-Achse fällen; vom Fußpunkt des Lotes eine Strecke der Länge a auf der x-Achse nach links abtragen. Der Endpunkt dieser Strecke ist der Schnittpunkt der Tangente mit der x-Achse.

e) $t = \left|\frac{f(x_0)}{f'(x_0)}\right|\sqrt{1 + [f'(x_0)]^2} = a\sqrt{1 + e^{\frac{2x_0}{a}}} = \sqrt{a^2 + y_0^2}$

$n = |f(x_0)|\sqrt{1 + [f'(x_0)]^2} = \frac{y_0}{a}\sqrt{a^2 + y_0^2}$

$n_S = |f(x_0)\,f'(x_0)| = \frac{1}{a}y_0^2$ .

24. a) $D_f = \mathbb{R}$, da $|x| < \sqrt{x^2+1}$ .

b) $f'(x) = \frac{1}{2} \frac{1}{\sqrt{x^2+1}} > 0$ für alle $x \in \mathbb{R}$, d. h. f wächst streng monoton.

c) Auflösung der Gleichung $e^{2y} = x + \sqrt{x^2+1}$ und Vertauschung der Variablen

liefert $f^{-1}(x) = \frac{e^{4x}-1}{2e^{2x}}$ .

$f^{-1}$ ist die Funktion sinh mit $\sinh x = \frac{1}{2}(e^{2x} - e^{-2x})$ .

d) $f(-x) = \frac{1}{2}\ln(-x + \sqrt{x^2+1}) = \frac{1}{2}\ln\frac{-x^2+x^2+1}{x+\sqrt{x^2+1}} = \frac{1}{2}\ln\frac{1}{x+\sqrt{x^2+1}}$

$= -\frac{1}{2}\ln(x + \sqrt{x^2+1}) = -f(x)$ .

e) Aus d) folgt Nullstelle $x_0 = 0$ ; $f\left(\frac{1}{2}(e-e^{-1})\right) = \frac{1}{2}$

Wir berechnen den Flächeninhalt des Flächenstücks $\overline{F}$ zwischen dem Graphen von $f^{-1}$, der x-Achse und der zu $x = \frac{1}{2}$ gehörenden Ordinate (siehe nebenstehende Figur).

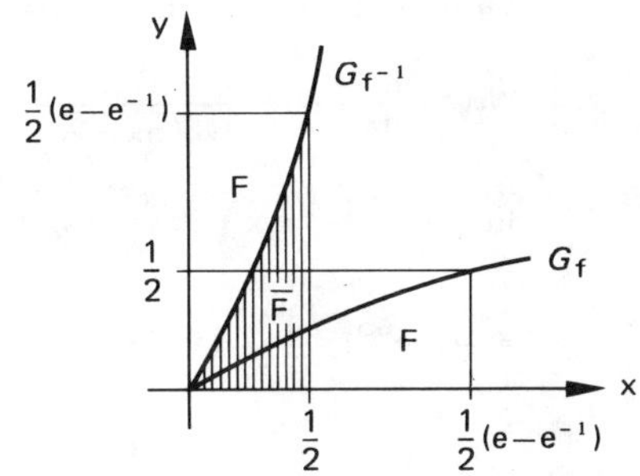


Dann ist $F + \overline{F} = \frac{1}{2} \cdot \frac{1}{2}(e - e^{-1})$.

$$\overline{F} = \int_0^{\frac{1}{2}} \frac{1}{2}\left(e^{2x} - e^{-2x}\right)dx$$

$$= \frac{1}{2}\left[\frac{1}{2}e^{2x} + \frac{1}{2}e^{-2x}\right]_0^{\frac{1}{2}} = \frac{1}{4}(e + e^{-1}) - \frac{1}{2}$$

$$F = \frac{1}{2} \cdot \frac{1}{2}\left(e - e^{-1}\right) - \overline{F}$$

$$= \frac{1}{2} - \frac{1}{2}e^{-1} \approx 0{,}316$$

25. a) s. Fig. 16.7

b) $f'(x) = \frac{1}{2}(e^{\frac{x}{a}} - e^{-\frac{x}{a}})$ . Es gilt $y_0 : t_S = f'(x_0)$

und $\sqrt{y_0^2 - a^2} = \frac{a}{2}(e^{\frac{x_0}{a}} - e^{-\frac{x_0}{a}}) =$

$= a \cdot f'(x_0)$, also $t_S : y_0 = a : \sqrt{y_0^2 - a^2}$ .

Tangentenkonstruktion: Um den Berührpunkt P wird ein Kreis mit dem Radius $y_0 = f(x_0)$ geschlagen. Die Parallelen zur Geraden $x = y_0$ (Ordinate von P) im Abstand a schneiden diesen Kreis in den Punkten $T_1$ bzw. $T_2$, von denen einer (im Falle $x_0 > 0$ der linke) auf der gesuchten Tangente liegt.

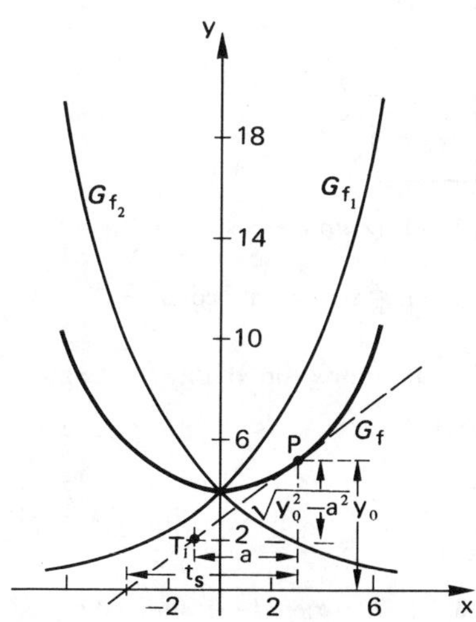


Fig. 16.7

**S. 343** c) $n = |f(x_0)| \sqrt{1 + [f'(x_0)]^2} = \frac{a}{2}(e^{\frac{x_0}{a}} + e^{-\frac{x_0}{a}}) \frac{1}{2}(e^{\frac{x_0}{a}} + e^{-\frac{x_0}{a}}) = \frac{y_0^2}{a}$

d) $A = \left[\frac{a^2}{2}(e^{\frac{x}{a}} - e^{-\frac{x}{a}})\right]_0^a = \frac{a^2}{2}(e - e^{-1}) \approx 1{,}18\, a^2$

**S. 344** 26. 1. a) $\frac{d}{db}h(b) = 2(1 - e^{-2b}) > 0$ für $b \in \mathbb{R}^+$, d. h. $h(b)$ wächst streng monoton in $\mathbb{R}_0^+$.

b) Wegen $h(0) = 0$ und $\frac{d}{db}h(b) > 0$ für $b \in \mathbb{R}^+$ gilt: $2b - 1 + e^{-2b} = h(b) \geqslant 0$.

Für $b \geqslant 0$ gilt also $e^{-2b} \geqslant 1 - 2b$,

2. a) $D_{g_b} = \{x | \; x \geqslant e^{-2b}\}$, $D_{f_b} = \{x | \; x \geqslant 1 - 2b\}$.

b) $D = \{x | \; x \geqslant e^{-2b} \wedge x \geqslant 1 - 2b\} = \{x | \; x \geqslant e^{-2b}\}$.

3. $x_S = \frac{2b}{e^{2b} - 1}$. Aus $e^{-2b} \geqslant 1 - 2b$ folgt $2b \geqslant 1 - e^{-2b} = e^{-2b}(e^{2b} - 1)$,

also gilt für alle $b > 0$: $x_S = \frac{2b}{e^{2b} - 1} \geqslant e^{-2b}$, d. h. $x_S \in D$. Für alle $b > 0$ existiert genau ein Schnittpunkt.

4. Wegen $\frac{d}{dx}g_b(x) = \frac{1}{2x\sqrt{\ln x + 2b}}$ ist $g_b(x)$ eine Stammfunktion der Integranden-

funktion. $\left[\sqrt{\ln x + 2b}\right]_1^{e^{6b}} = \sqrt{2b} =$

$= \frac{1}{2}g_b(e^{6b}) = \frac{1}{2}\sqrt{\ln e^{6b} + 2b}$.

5. s. Fig. 16. 8 .

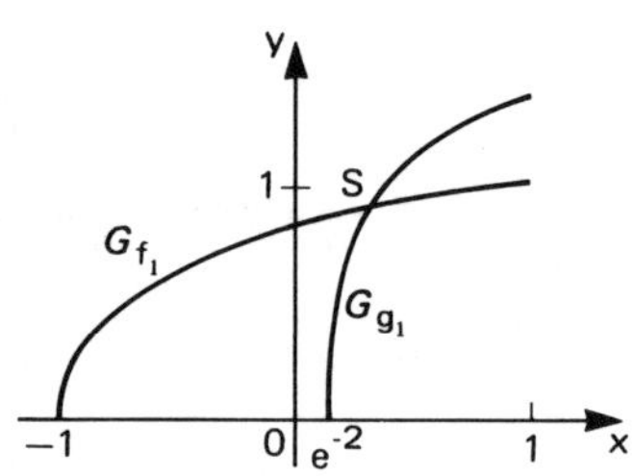

Fig. 16.8

## 16.2.

**S. 346** 1. a) $\left[x \sin x + \cos x\right]_0^{\frac{\pi}{2}} = \frac{1}{2}\pi - 1 = 0{,}57$ b) $\left[-\frac{1}{2}x \cos 2x + \frac{1}{4}\sin 2x\right]_0^{\frac{\pi}{4}} = \frac{1}{4}$

c) $\frac{x}{a}\sin ax + a^{-2}\cos ax + C$

2. a) $\int \sin x\,(\sin x)^3 dx = -\cos x (\sin x)^3 + 3\int (\sin x)^2 dx - 3\int (\sin x)^4 dx + C$

$= \frac{3}{8}x - \frac{1}{4}(\sin x)^3 \cos x - \frac{3}{16}\sin 2x + C$ s. 16.1 3.m)!

b) $\int (1 - (\sin x)^2)^2 dx = \frac{3}{8}x - \frac{1}{4}(\sin x)^3 \cos x + \frac{5}{16}\sin 2x + C$ s. 2.a)!

3. a) 0, wegen $(-x)^2 \sin(-x) = -x^2 \sin x$

b) $\left[x^2 \sin x + 2x \cos x - 2 \sin x\right]_{-\frac{\pi}{2}}^{0} = \frac{1}{4}\pi^2 - 2 = 0{,}47$ S. 346

c) $-\frac{x^2}{a} \cos ax + \frac{2}{a^2} x \sin ax + \frac{2}{a^3} \cos ax + C$

4. a) $x \arcsin x + \sqrt{1-x^2} + C$ b) $x \arccos x - \sqrt{1-x^2} + C$

c) $\left[x \arccos 2x - \frac{1}{2}\sqrt{1-4x^2}\,\right]_0^{0,5} = \frac{1}{2}$

5. a) $-\frac{1}{3}\sqrt{a^2-x^2}\,(2a^2 + x^2) + C$ b) $-\frac{1}{x}\sqrt{a^2-x^2} - \arcsin \frac{x}{a} + C$

c) $\frac{1}{a^2} \int \frac{dx}{\sqrt{a^2-x^2}} + \frac{1}{a^2} \int \frac{\sqrt{a^2-x^2}}{x^2}\,dx = -\frac{1}{a^2 x}\sqrt{a^2-x^2} + C$

6. a) $\int \sqrt{a^2-x^2}\,dx = a^2 \arcsin \frac{x}{a} + \int \frac{x(-x)dx}{\sqrt{a^2-x^2}}$ S. 347

$= a^2 \arcsin \frac{x}{a} + x\sqrt{a^2-x^2} - \int \sqrt{a^2-x^2}\,dx + C,$

d. h. $\int \sqrt{a^2-x^2}\,dx = \frac{a^2}{2} \arcsin \frac{x}{a} + \frac{x}{2}\sqrt{a^2-x^2} + C$

b) $\left[\frac{a^2}{2} \arcsin \frac{x}{a} - \frac{x}{2}\sqrt{a^2-x^2}\,\right]_0^{\frac{1}{2}a\sqrt{2}} = \frac{a^2}{8}(\pi-2) = 0{,}14\,a^2$

c) Es gilt: $\int x^2\sqrt{a^2-x^2}\,dx = -\frac{x}{3}(a^2-x^2)\sqrt{a^2-x^2} + \frac{1}{3}\int (a^2-x^2)\sqrt{a^2-x^2}\,dx$,

d. h. $4\int x^2\sqrt{a^2-x^2}\,dx = -x(a^2-x^2)\sqrt{a^2-x^2} + a^2 \int \sqrt{a^2-x^2}\,dx$, also

$\left[\frac{x^3}{4}\sqrt{a^2-x^2} + \frac{a^4}{8} \arcsin \frac{x}{a} - \frac{1}{8}a^2 x\sqrt{a^2-x^2}\,\right]_0^a = \frac{a^4}{16}\pi$

7. a) $(x^2 - \frac{1}{2})\,\frac{1}{2} \arcsin x + \frac{x}{4}\sqrt{1-x^2} + C$ s. 6.b)

b) $(x^2 + 1)\,\frac{1}{2} \arctan x - \frac{1}{2}x + C$

c) $\left[\,\frac{1}{3}x^3 \arcsin x + \frac{1}{9}(x^2 + 2)\sqrt{1-x^2}\,\right]_0^1 = \frac{1}{6}\pi - \frac{2}{9} = 0{,}30$ s. 5.a)

8. a) $(x-1)e^x + C$ b) $\left[-e^{-x}(x + 1)\right]_{-1}^{0} = -1$

c) $(x-1)^2 e^x + e^x + C$ d) $\frac{1}{2}e^x(\sin x + \cos x) + C$

e) $\left[\frac{1}{2}e^x(\sin x - \cos x)\right]_0^{\frac{1}{2}\pi} = \frac{1}{2}(e^{\frac{1}{2}\pi} + 1) = 2{,}9052$

9. a) $\int \ln x\,dx = x \ln x - \int dx = x(\ln x - 1) + C$

**S. 347**

b) $A = \frac{1}{\ln 10} \int_1^4 \ln x \, dx = \frac{1}{\ln 10} (4 \cdot \ln 4 - 3) = 1{,}105$

c) $A = 1 = \frac{1}{\ln b} \int_1^e \ln x \, dx = \frac{1}{\ln b}$ mit $b \neq 1$ ; also $b = e$

10. a) $\frac{1}{2} x^2 (\ln x - \frac{1}{2}) + C$ b) $-\frac{1}{x} (\ln x + 1) + C$ c) $\frac{1}{n+1} x^{n+1} (\ln x - \frac{1}{n+1}) + C$

d) $\left[ \frac{x}{x+1} \ln x - \ln (x+1) \right]_1^e = \frac{e}{e+1} + \ln \frac{2}{e+1} = 0{,}11$

e) $\frac{1}{2} x^2 \ln (1 + x^2) - \int \frac{x^3 + x - x}{1 + x^2} dx = \frac{1}{2} (x^2 + 1) \ln (1 + x^2) - \frac{1}{2} x^2 + C$

f) $\left[ x ((\ln x)^2 - 2 (\ln x - 1)) \right]_e^1 = 2 - e = -0{,}718$

g) $x \arctan x - \frac{1}{2} \ln (1 + x^2) + C$

h) $\left[ x \operatorname{arccot} 2x + \frac{1}{4} \ln (1 + 4x^2) \right]_0^{0,5} = \frac{1}{4} (\frac{1}{2} \pi + \ln 2) = 0{,}566$

i) $\left[ 2\sqrt{x} (\ln x - 2) \right]_1^e = 2 (2 - \sqrt{e}) = 0{,}70$

11. a) $\lim_{b \to \infty} [-e^{-b} (b + 1) + 1] = 1$ s. 8.b)

b) $\lim_{b \to \infty} [-b^2 e^{-b} - 2e^{-b} (b + 1) + 2] = 2$

c) $\lim_{b \to \infty} [-e^{-b} (b + 1) + 2e^{-1}] = \frac{2}{e} = 0{,}736$ s. 11.a)

d) $\lim_{b \to 1-0} [-b^{-1} \sqrt{1-b^2} + \sqrt{3}] = \sqrt{3}$ s. 5.c)

e) $\lim_{b \to 1-0} \frac{1}{2} [\arcsin b - \frac{b}{2} \sqrt{1-b^2}] = \frac{1}{4} \pi$ s. 6.b)

f) $\lim_{a \to 1+0} \frac{1}{2} [2\sqrt{3} + \ln (2 + \sqrt{3}) - a\sqrt{a^2-1} - \ln (a + \sqrt{a^2-1})] = \sqrt{3} + \frac{1}{2} \ln(2 + \sqrt{3})$
s. 12.b)

12. a) $\int \frac{dt}{t} = \ln | x + \sqrt{x^2 + a^2} | + C$ b) $\int \frac{dt}{t} = \ln | x + \sqrt{x^2 - a^2} | + C$

c) $\int \frac{x^2 dx}{\sqrt{x^2 + a^2}} + a^2 \int \frac{dx}{\sqrt{x^2 + a^2}} = \frac{1}{2} x \sqrt{x^2 + a^2} + \frac{1}{2} a^2 \ln | x + \sqrt{x^2 + a^2} | + C$

d) $\frac{1}{2} x \sqrt{x^2 - a^2} - \frac{1}{2} a^2 \ln | x + \sqrt{x^2 - a^2} | + C$

e) $A = \int_2^4 \sqrt{x^2 - 4} \, dx = 4\sqrt{3} - 2 \ln (2 + \sqrt{3}) = 4{,}294$ s. 12.d)

## 16.2. Ergänzungen und Ausblicke



C 1. Es gilt: $e = 1 + 1 + \frac{1}{2!} + \frac{1}{3!} + \ldots + \frac{1}{n!} + \ldots$

Ohne exakte Fehlerabschätzung addiert man die Glieder so lange, bis sich die Ziffer an der geforderten Stelle nicht mehr ändert.

| | | | |
|---|---|---|---|
| $1 + 1 + \frac{1}{2!}$ | $= 2{,}5000$ | 00 | |
| $\frac{1}{3!}$ | $= 0{,}1666$ | 67 | aufgerundet |
| $\frac{1}{4!}$ | $= 0{,}0416$ | 67 | aufgerundet |
| $\frac{1}{5!}$ | $= 0{,}0083$ | 33 | abgerundet |
| $\frac{1}{6!}$ | $= 0{,}0013$ | 89 | aufgerundet |
| $\frac{1}{7!}$ | $= 0{,}0001$ | 98 | abgerundet |
| $\frac{1}{8!}$ | $= 0{,}0000$ | 25 | aufgerundet |
| also $e$ | $= 2{,}7182$ | | |

Es gilt: $\sqrt{e} = 1 + \frac{1}{2} + \frac{1}{4 \cdot 2!} + \frac{1}{8 \cdot 3!} + \ldots + \frac{1}{2^n \cdot n!} + \ldots$

Beim Rechnen per Hand wird die darin enthaltene Gesetzmäßigkeit ausgenutzt:

| | | | |
|---|---|---|---|
| | 1 | | :2 |
| | 0,5000 | 00 | :4 |
| | 0,1250 | 00 | :6 |
| | 0,0208 | 33 | :8 |
| | 0,0026 | 04 | :10 |
| | 0,0002 | 60 | :12 |
| | 0,0000 | 21 | |
| also $\sqrt{e}$ | $= 1{,}6487$ | | |

C 2. s. Fig. 16.9

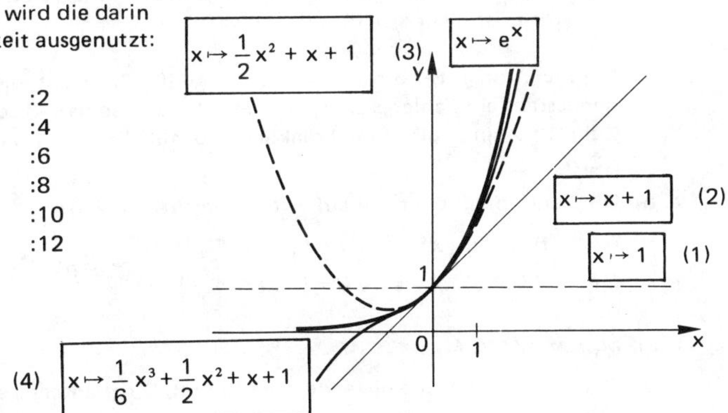


Fig. 16.9



D 1. $\sin 9° = \sin \frac{\pi}{20} \approx \frac{\pi}{20} - \frac{\pi^3}{20^3 \cdot 6} = 0{,}1564$

Die Reihe ist alternierend, also gilt für den Fehler f:

$|f| < \frac{\pi^5}{20^5 \cdot 5!} < \frac{4^5}{32 \cdot 120} 10^{-5} < 0{,}3 \cdot 10^{-5} < 0{,}5 \cdot 10^{-4}$ als geforderte Schranke

$\cos 9° = \cos \frac{\pi}{20} \approx 1 - \frac{\pi^2}{20^2 \cdot 2} = 1 - \frac{\pi^2}{800} = 0{,}9877$ mit

$|f| < \frac{\pi^4}{20^4 \cdot 4!} < \frac{\pi^4}{16 \cdot 24} 10^{-4} < 0{,}3 \cdot 10^{-4} < 0{,}5 \cdot 10^{-4}$ als geforderte Schranke.

**S. 351** D 2. $\sin 1 = 1 - \frac{1}{3!} + \frac{1}{5!} - \ldots + (-1)^{n+1} \frac{1}{(2n-1)!} + \ldots$

Aus $\frac{1}{9!} \approx 2{,}76 \cdot 10^{-6} < 0{,}5 \cdot 10^{-4}$ folgt

$\sin 1 \approx 1 - \frac{1}{3!} + \frac{1}{5!} - \frac{1}{7!} = 1{,}008333 - 0{,}166865 = 0{,}8415$

D 3 s. Fig. 16.10 .

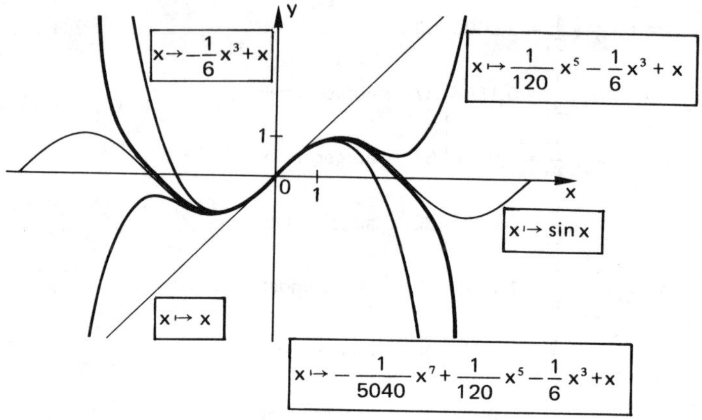


Fig. 16.10

**17.1.**

**S. 354** 1. $D_{\varphi(t)} = \{t | t \geqslant 2 \wedge t \in \mathbb{R}\}$; $D_{\psi(t)} = \{t | t \leqslant 1 \wedge t \in \mathbb{R}\}$, d. h. $D_{\varphi(t)} \cap D_{\psi(t)} = \emptyset$.
Die notwendige Bedingung, daß $J$ Teilmenge des nicht leeren Durchschnitts von $D_{\varphi(t)}$ und $D_{\psi(t)}$ ist, ist nicht erfüllt.

2. a) Die Funktion g: $t \mapsto 3 \cos t$ ist im Intervall $[0 ; 2\pi[$ nicht injektiv, d. h. es existiert mindestens ein Zahlenpaar $(t_1 ; t_2)$ mit $t_1 \neq t_2$, so daß $3 \cos t_1 = 3 \cos t_2$ mit $2 \sin t_1 \neq 2 \sin t_2$ gilt. Einschränkung z. B. auf $I = [0 ; \pi[$ liefert eine Funktion $f \subset R$.

b) Die Funktion g: $t \mapsto t^2$ ist auf $\mathbb{R}$ nicht injektiv; s. 2.a)!

$G_{f_1} = \{P(x ; y) \mid x = t^2 \wedge y = t \wedge t \in \mathbb{R}_0^-\}$
$G_{f_2} = \{P(x ; y) \mid x = t^2 \wedge y = t \wedge t \in \mathbb{R}_0^+\}$ $\Rightarrow G_R = G_{f_1} \cup G_{f_2}$.

3. a) $M_1 = M_3$; $M_2 \subset M_1$; $M_4 \subset M_1$.

b) $G_{M_1}$ ist die Winkelhalbierende des 1. und 3. Quadranten; sie wird von links unten nach rechts oben durchlaufen.
$G_{M_2}$ ist die Winkelhalbierende des 1. Quadranten (Halbgerade); sie wird von rechts oben bis 0 (0 ; 0), dann wieder nach rechts oben durchlaufen; doppelter Durchlauf.
$G_{M_3}$ wird von rechts oben nach links unten durchlaufen.
$G_{M_4}$ ist die Winkelhalbierende des 1. und 3. Quadranten ohne 0(0 ; 0). Durchlauf von 0 nach links unten, dann von rechts oben nach 0.

c) Notwendige Bedingung: Wertebereich von $\chi(t)$ gleich Definitionsbereich von t.

4. a) $D_{\varphi(t)} = \{t | t \geqslant -8 \wedge t \in \mathbb{R}\}$; $D_{\psi(t)} = \{t | t \leqslant 8 \wedge t \in \mathbb{R}\}$;
also $J_{max} = D_{\varphi(t)} \cap D_{\psi(t)} = \{t \mid -8 \leqslant t \leqslant 8 \wedge t \in \mathbb{R}\}$.

b) Aus $x^2 = t + 8$ und $y^2 = 8 - t$ folgt $x^2 + y^2 - 16 = 0 \wedge x \in \mathbb{R}_0^+ \wedge y \in \mathbb{R}_0^+$. S. 354
$G_R$ ist der Viertelkreis im 1. Quadranten mit $r = 4$.

5. a) $R = \{(x\,;y) \mid x^4 - y^3 = 0\}$. $D_R = \mathbb{R}$ ; $W_R = \mathbb{R}_0^+$.

b) $R = \{(x\,;y) \mid (\frac{a}{x})^2 + (\frac{b}{y})^2 - 1 = 0\}$. $D_R = \{x \mid |x| > a \wedge x \in \mathbb{R}\}$;
$W_R = \{y \mid |y| > b \wedge y \in \mathbb{R}\}$.

c) $R = \{(x\,;y) \mid x\,(1 - y)^2 - 1 = 0\}$. $D_R = \mathbb{R}^+$; $W_R = \mathbb{R} \setminus \{1\}$.

d) $R = \{(x\,;y) \mid x^{\frac{2}{3}} + y^{\frac{2}{3}} - a^{\frac{2}{3}} = 0\}$. $D_R = \{x \mid |x| \leqslant a \wedge x \in \mathbb{R}\}$; S. 355
$W_R = \{y \mid |y| \leqslant a \wedge y \in \mathbb{R}\}$.

6. $R = \{(x\,;y) \mid x = t^2 \wedge y = t^3 \wedge t \in \mathbb{R}\}$.

7. Die Bestimmung der Intervalle, auf denen die Funktion $g\colon t \mapsto t^3 - 6t^2 + 9t = t\,(t-3)^2$ streng monoton ist, liefert $f_k = \{(x\,;y) \mid x = t\,(t-3)^2 \wedge y = t\,(4-t) \wedge t \in J_k\}$ mit

| k | 1 | 2 | 3 |
|---|---|---|---|
| $J_k$ | [0 ; 1] | [1 ; 3] | [3 ; 4] |
| $D_k$ | $\{x \mid 0 \leqslant x \leqslant 4\}$ | $\{x \mid 0 \leqslant x \leqslant 4\}$ | $\{x \mid 0 \leqslant x \leqslant 4\}$ |
| $W_k$ | $\{y \mid 0 \leqslant y \leqslant 3\}$ | $\{y \mid 3 \leqslant y \leqslant 4\}$ | $\{y \mid 0 \leqslant y \leqslant 3\}$ |

s. Fig. 17.1

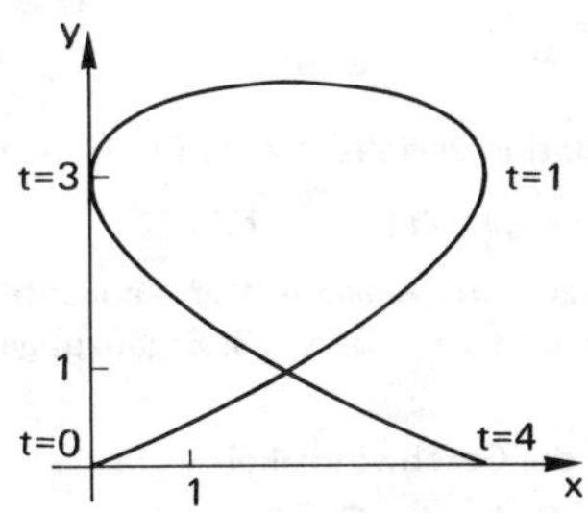


Fig. 17.1

## 17.2.2.

1. a) Nach Fig. 17.2 gilt: S. 358

$x = \overline{OQ} + \overline{SP} = r(\cos t + t \sin t)$

$t \in [0\,;2\pi[$.

$y = \overline{TQ} - \overline{TS} = r(\sin t - \cos t)$

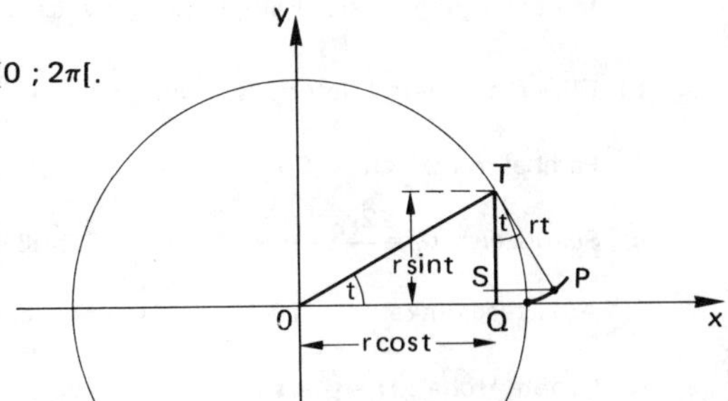


Fig. 17.2

**S. 358** b) $\dot{\varphi}(t) = rt \cos t$, Nullstellen: $t_1 = 0$ ; $t_2 = \frac{1}{2}\pi$ ; $t_3 = \frac{3}{2}\pi$.

$\dot{\psi}(t) = rt \sin t$, Nullstellen: $t_4 = t_5 = 0$ ; $t_6 = \pi$.

Bedingungen für achsenparallele Tangenten nur erfüllt bei $t_2, t_6, t_3$.

Strenge Monotonie von $\varphi(t)$ in den Intervallen $[0 ; \frac{1}{2}\pi]$ ; $[\frac{1}{2}\pi ; \frac{3}{2}\pi]$ ; $[\frac{3}{2}\pi ; 2\pi[$.

$$f_1'(r) = \lim_{t \to 0+0} \frac{\sin t}{\cos t} = 0.$$

**S. 359** c) Lösungen der Gleichung $\sin t = \cos t$ im betrachteten Intervall sind $t_1 = \frac{1}{4}\pi$, $t_2 = \frac{5}{4}\pi$.

| k | 1 | 2 |
|---|---|---|
| $x_k$ | $\frac{1}{2}\sqrt{2}\, r\left(1 + \frac{1}{4}\pi\right)$ | $-\frac{1}{2}\sqrt{2}\, r\left(1 + \frac{5}{4}\pi\right)$ |
| $y_k$ | $\frac{1}{2}\sqrt{2}\, r\left(1 - \frac{1}{4}\pi\right)$ | $\frac{1}{2}\sqrt{2}\, r\left(\frac{5}{4}\pi - 1\right)$ |

d) Aus $t = -\cos t$ folgt $t_1 = 2{,}80$ bzw. $t_2 = 6{,}12$. Es ergeben sich zwei Schnittwinkel $\alpha_1 = 70{,}3°$ bzw. $\alpha_2 = 80{,}3°$.

2. Die Abszisse von A und die Ordinate von B liefern die Parameterform der durch den Punkt P beschriebenen Kurve K (Kreuzkurve)

$$K: \begin{cases} x = \dfrac{a}{\cos t} \\ y = \dfrac{b}{\sin t} \end{cases} \quad t \in \,]0 ; 2\pi[ \setminus \left\{\frac{1}{2}\pi, \pi ; \frac{3}{2}\pi\right\}$$ s. 17.1. Aufgabe 5. b)!

Die Relation zerfällt in zwei Funktionen $f_1$ für $t \in \,]0 ; 2\pi[ \setminus \{\frac{1}{2}\pi\}$ und $f_2$ für $t \in \,]\pi ; 2\pi[ \setminus \{\frac{3}{2}\pi\}$.

K besitzt keine waagerechten Tangenten und keine Wendepunkte. Asymptoten sind $x = \pm a$ und $y = \pm b$. s. 13. Ergänzungen u. Ausblicke, Aufgabe 2. b)!

3. a) Für die Geschwindigkeit v gilt: $v_x = v_0 \cos\alpha$, $v_y = v_0 \sin\alpha$.
   In x-Richtung: Gleichförmige Bewegung, d. h. $x = v_0 t \cos\alpha$.
   In y-Richtung: Überlagerung einer gleichförmigen und einer gleichmäßig beschleunigten Bewegung (Freier Fall), d. h. $y = v_0 t \sin\alpha - \frac{1}{2} g t^2$.

   b) Elimination von t liefert: $y = \tan\alpha \cdot x - \dfrac{g}{2 v_0^2 \cos^2\alpha} x^2$. Nach unten geöffnete Parabel mit $0° \leqslant \alpha < 90°$.

   c) Schußzeit: $t_S = \dfrac{2v_0}{g} \sin\alpha$. Schußweite: $W = \dfrac{v_0^2}{g} \sin 2\alpha$.
   Aufschlagwinkel: $\beta = 180° - \alpha$. Symmetrieeigenschaft der Parabel.

   d) Größte Höhe: $H = \dfrac{v_0^2}{2g} \sin^2\alpha$.

e) $\frac{dW}{d\alpha} = \frac{2v_0^2}{g} \cos 2\alpha$, d. h. $\alpha_E = 45°$.

f) (1) $|\vec{v}| = 18{,}0$

(2) $|\vec{a}| = 10$.

$\tan \varphi = \frac{1}{6}\sqrt{3}$ ; $|\vec{a}_N| = \cos \varphi \, |\vec{a}| = \frac{1}{\sqrt{1 + \tan^2 \varphi}} \, |\vec{a}| = 9{,}6$.

(3) Positive Lösung der Gleichung $x^2 - 20\sqrt{3}\, x - 14\,400 = 0$ liefert $x = 138{,}6$ (Entfernung).
Zeit bis zum Aufschlag: $t = 8{,}0$.
Aufschlagwinkel: $f'(x) = -4{,}04$, d. h. $\beta = 180° - 76{,}1° = 103{,}9°$.

4. Es gilt: $f(8) = 4$ und $f'(8) = \frac{1}{6}$. Nach Seite 303 8. a) folgt:

$n_S = 4 \cdot \frac{1}{6} = \frac{2}{3}$ ; $t_S = 4 \cdot 6 = 24$.

5. Steigung der Tangente an der Stelle x: $f'(x) = \frac{\dot{y}}{\dot{x}} = \tan t$.

Abszisse des Tangentenschnittpunktes mit der x-Achse: $x = a \ln \tan \frac{t}{2}$.
Länge der Tangente: $l = a = \text{const.}$

*Anmerkung*: Die Traktrix liefert eines der wenigen Beispiele für eine in der Schule durchführbare Integration einer Differentialgleichung. Man stellt die Aufgabe:
„An einem Ende einer a Meter langen Schnur ist ein Stein S befestigt. Das andere Ende E wird an einer Geraden entlanggeführt. Stelle die Gleichung der Kurve auf, die der Stein beschreibt!" s. Fig. 17.3

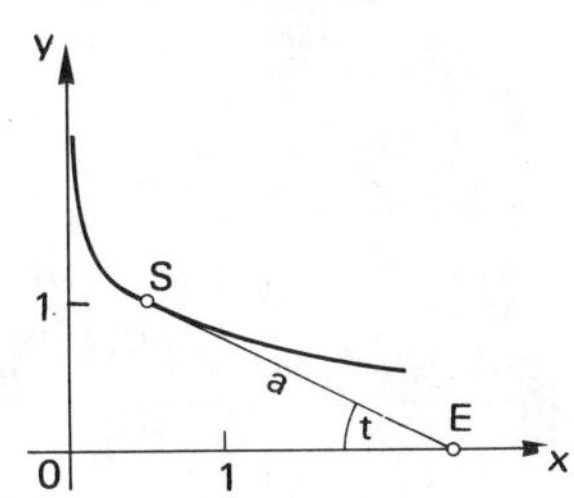

Fig. 17.3

Nimmt man die Gerade als x-Achse, so ist nach Aufgabe 8; 13.3.4

$$\frac{y}{y'} \sqrt{1 + y'^2} = a$$

Hieraus folgt $\frac{dy}{dx} = \frac{y}{\sqrt{a^2 - y^2}}$ und mit Lehrsatz 3; 10.2

$$\frac{dx}{dy} = \frac{\sqrt{a^2 - y^2}}{y}$$

Zur Integration erweitert man den Bruch mit $\sqrt{a^2 - y^2}$ und erhält

$$\frac{\sqrt{a^2 - y^2}}{y} = -\frac{y}{\sqrt{a^2 - y^2}} + \frac{a^2}{y\sqrt{a^2 - y^2}}$$

Bei der Integration des 2. Summanden führt man die Substitution $y = \frac{a}{t}$ (vgl. Aufg. 10.a), 16.1) durch. Es folgt mit Beachtung von Aufg. 12. b), 16.2

$$x = \sqrt{a^2 - y^2} + a \ln \frac{a - \sqrt{a^2 - y^2}}{y} \quad (0 < y \leq a)$$

Die Einführung des Winkels t von ES gegen die x-Achse als Parameter führt auf die

Gleichungen $x = a\left(\cos t + \ln \tan \frac{t}{2}\right)$ ; $y = a \sin t$

17.2.3.

S. 361 1. $A = \left| \int_0^{2\pi} b \sin t\,(-a \sin t)dt \right| = ab \int_0^{2\pi} (\sin t)^2 dt = ab\,\pi$ s. 16.1 3. m)

2. $A = r^2 \int_0^{2\pi} (1 - \cos t)^2 dt = 3r^2 \pi$

S. 362 3. Der Abstand der Mittelpunkte der beiden Kreise beträgt 2r (Fig. 17.8).
$x = 2r \cos t + r \cos(\pi - 2t) = r(2 \cos t - \cos 2t)$
$y = 2r \sin t - r \sin(\pi - 2t) = r(2 \sin t - \sin 2t)$

$A = r^2 \left| \int_0^{2\pi} (2 \sin t - \sin 2t)(2 \sin 2t - 2 \sin t)dt \right| = 6r^2 \pi$

4. a) $R = \{(x\,;y) \mid y^2 = a^{-2}(a^2 - x^2)(a - 2x)^2 \wedge x \in [-a\,;a]\}$

b) $f_1 : x \mapsto \frac{a - 2x}{a} \sqrt{a^2 - x^2}$ $\qquad f_2 : x \mapsto \frac{2x - a}{a} \sqrt{a^2 - x^2}$

c) s. Fig. 17.4
Das Bild der beiden Erfüllungsmengen sowie die konstruktive Erzeugung beider Kurven zeigt Fig. 17.4 (Kontrolle:

$P_1$ (0,834 a; – 0,369 a) ;

$P_2$ (– 0,593 a; 1,7577 a)).

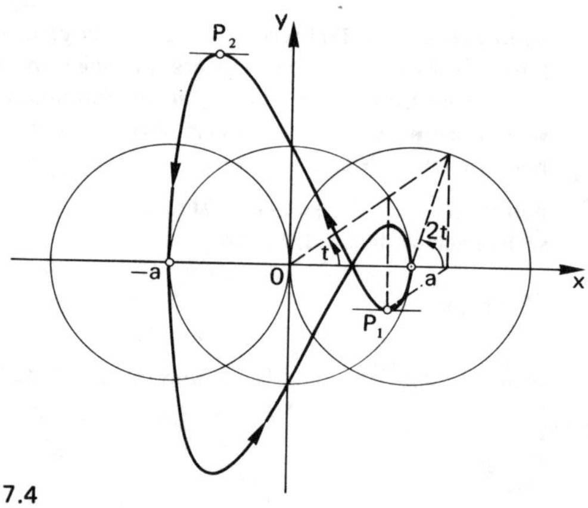


Fig. 17.4

d) Nullstellen von $R$ für: $t_1 = 0\,;\ t_2 = \frac{\pi}{3}\,;\ t_3 = \pi\,;\ t_4 = \frac{5}{3}\pi$

$A_1 = 2a^2 \left| \int_0^{\frac{1}{3}\pi} (-\sin t)(\sin t - \sin 2t)dt \right| = a^2\left(\frac{3}{4}\sqrt{3} - \frac{1}{3}\pi\right)$

$A_2 = 2a^2 \left| \int_{\frac{1}{3}\pi}^{\pi} (-(\sin t)^2 + 2(\sin t)^2 \cos t)dt \right| = a^2\left(\frac{3}{4}\sqrt{3} + \frac{2}{3}\pi\right)$

5. a) $f = \{(x\,;y) \mid x = \frac{2a}{\tan t} \wedge y = \frac{2a(\tan t)^2}{1 + (\tan t)^2} \wedge t \in\, ]0\,;\pi[ \setminus \{\frac{\pi}{2}\}\}$

b) Das uneigentliche Integral existiert: $A = 8a^2 \int\limits_0^{\frac{1}{2}\pi} dt = 4a^2\pi$ **S. 362**

c) $f: x \mapsto 8a^3 (4a^2 + x^2)^{-1}$

$$A = 2 \int\limits_0^{\infty} \frac{8a^3}{4a^2 + x^2} dx = 4a \lim_{b \to \infty} \left[2a \arctan \frac{x}{2a}\right]_0^b = 4a^2\pi$$

Wendepunkte: $W_1(-\frac{2}{3}a\sqrt{3}\,;\frac{3}{2}a)$, $W_2(\frac{2}{3}a\sqrt{3}\,;\frac{3}{2}a)$

## 18.

**1. Aufgabe** **S. 364**

1. a) Der Ansatz $f(x) = a_2(x+2)(x-4)$ liefert $a_2 = -\frac{1}{3}$.

b) s. Fig. 18.1

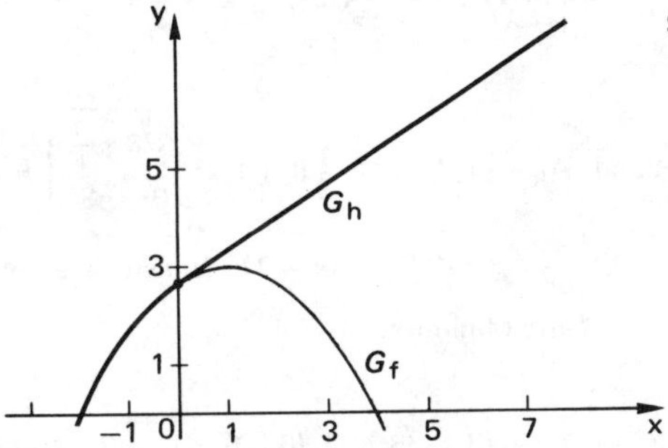


Fig. 18.1

2. $A = 2 \int\limits_1^4 (-\frac{1}{3}x^2 + \frac{2}{3}x + \frac{8}{3})dx = 12$

3. a) $f'(x) = -\frac{2}{3}x + \frac{2}{3}$, d. h. $f'(-2) + f'(4) = 2 - 2 = 0$

b) $g'(x) = 2ax + b$, Nullstellen von g: $x_1 = (-b + \sqrt{b^2 - 4ac})\,(2a)^{-1}$ und $x_2 = (-b - \sqrt{b^2 - 4ac})\,(2a)^{-1}$, d. h. $g'(x_1) + g'(x_2) = 0$

c) $g'(x_1) = -g'(x_2)$, d. h. die Steigungen der Tangenten an die Parabel in den Nullstellen sind dem Betrage nach gleich. Das bedeutet geometrisch eine Spiegelung der Tangenten an der Normalen zur Parabel durch den Scheitelpunkt S.

4. a) $h(0) = \frac{8}{3}$, d. h. $t = \frac{8}{3}$, Stetigkeit an der Stelle $x = 0$

$h'(0) = \frac{2}{3}$, d. h. $m = \frac{2}{3}$, Differenzierbarkeit an der Stelle $x = 0$

b) s. Fig. 18.1

c) Es gilt: $h'(x) \geqslant \frac{2}{3} > 0$ für alle $x \in \mathbb{R}$

d) $$h^{-1}: x \mapsto \begin{cases} 1 - \sqrt{9 - 3x} & \text{für } x \leqslant \frac{8}{3} \\ \frac{3}{2}x - 4 & \text{für } x > \frac{8}{3} \end{cases}$$

**S. 364** **2. Aufgabe**

1. a) $f_k(-x) = -f_k(x)$, d. h. Punktsymmetrie bezüglich (0 ; 0).
Symmetriezentrum ist Wendepunkt, d. h. W(0 ; 0).

Nullstellen: $S_1\left(-\sqrt{3+\frac{3}{k}}; 0\right)$, $S_2 = W$, $S_3\left(\sqrt{3+\frac{3}{k}}; 0\right)$

Hochpunkt $P_1\left(-\sqrt{1+\frac{1}{k}}; \frac{2}{3}(k+1)\sqrt{1+\frac{1}{k}}\right)$,

Tiefpunkt $P_2\left(\sqrt{1+\frac{1}{k}}; -\frac{2}{3}(k+1)\sqrt{1+\frac{1}{k}}\right)$

b) s. Fig. 18.2

c) $\lim\limits_{k\to\infty} \sqrt{3+\frac{1}{k}} = \sqrt{3}$, $f_k(x) = \frac{k}{3}x\left(x^2 - \frac{3(k+1)}{k}\right)$

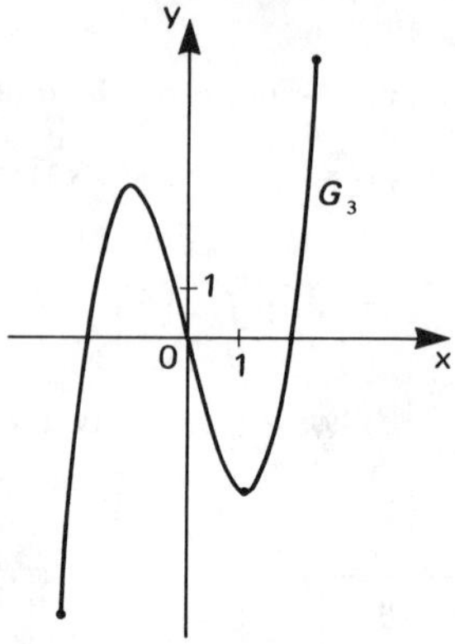


Fig. 18.2

2. a) $A_k = \left| \left[\frac{1}{12}kx^4 - \frac{1}{2}(k+1)x^2\right]_0^{\sqrt{3+\frac{1}{k}}} \right| = \frac{3}{4}\,\frac{(k+1)^2}{k}$

b) $\frac{d}{dk}A_k = \frac{3}{4}\,\frac{k+1}{k}(k-1)$, Nullstelle $k = 1$ mit Vorzeichenwechsel von $-$ nach $+$, also Minimum.

**S. 365** 3. a) $Q_1(-\sqrt{3}; \sqrt{3})$, $Q_2(0; 0)$, $Q_3(\sqrt{3}; -\sqrt{3})$. Die Koordinaten der Schnittpunkte sind von k unabhängig, d. h. sämtliche Graphen der Funktionenschar schneiden sich in diesen drei Punkten.

b) $k = -\frac{5}{4}$

c) $k < -1$; $f_{-1}(x) = -\frac{1}{3}x^3$. Keine Extremwerte, $f_{-1}$ ist streng monoton fallend.

4. Es gilt $\lim\limits_{x\to 0+0} g_k(x) = \lim\limits_{x\to 0-0} g_k(x) = 0 = g_k(0)$, d. h. für jedes $k \in \mathbb{R}$ ist $g_k$ an der Stelle $x_0 = 0$ stetig.
Wegen $g_k(-x) = g_k(x)$ liegt ein lokaler Extremwert des Graphen von $g_k$ auf der y-Achse. Wenn also $g_k$ an der Stelle $x_0 = 0$ differenzierbar sein soll, dann muß der Differentialquotient an dieser Stelle den Wert 0 annehmen, d. h. $g_k'(x_0) = 0$. Diese Bedingung ist nur für $k = -1$ erfüllt; s. 3. c)!

**3. Aufgabe**

1. a) $D_{f_a} = \mathbb{R}$. $\lim\limits_{x\to-\infty} f_a(x)$ existiert nicht, da $f_a(x)$ für $x \to -\infty$ kleiner wird als jede beliebige Schranke. $\lim\limits_{x\to\infty} f_a(x) = \lim\limits_{x\to\infty}\left[\frac{x-a}{a}\,a \cdot e \cdot e^{\frac{a-x}{a}}\right] = a \cdot e \cdot \lim\limits_{z\to\infty} z\,e^{-z} = 0.$

b) Nullstellen: $x_0 = a$. $f_a(x) > 0$ für $x > a$; $f_a(x) < 0$ für $x < a$.

2\. a) $f'_a(x) = \frac{2a - x}{a} e^{2 - \frac{x}{a}}$.

Waagerechte Tangente an der Stelle $x_1 = 2a$. Der Graph von $f_a$ ist streng monoton steigend für $x < 2a$ und streng monoton fallend für $x > 2a$.

b) Der Extremwert $E(2a\,;\,a)$ ist ein Maximum, da $x_1$ einfache Nullstelle von $f'_a$ ist mit Vorzeichenwechsel von + nach –; s. 2. a)!

c) Wegen $x_E : y_E = 2a : a$ ergibt sich die Geradengleichung von g zu $y = \frac{1}{2}x$ mit der Steigung $m_g = \frac{1}{2}$. Alle Punkte der Geraden g mit $x \leqslant 0$ sind keine Extremwerte von Graphen der Schar.

d) $f''_a(x) = \frac{x - 3a}{a^2} e^{\frac{2a - x}{a}}$. Wendepunkt $W_a(3a\,;\,2ae^{-1})$. Steigung der Wendetangenten $m_W = f'_a(3a) = -e^{-1}$, d. h. alle Wendetangenten sind parallel zueinander, da $m_W$ von a unabhängig ist. Gleichung der Wendetangenten: $y = -e^{-1}x + 5ae^{-1}$.

3\. $f_2(1) = -e\sqrt{e} \approx -4{,}48$.
s. Fig. 18.3

4\. a) $F'_a(x) = -a \cdot e^{2 - \frac{x}{a}} + x \cdot e^{2 - \frac{x}{a}} = f_a(x)$;

d. h. $F_a$ ist eine Stammfunktion von $f_a$.

b) $\lim\limits_{M\to\infty} \int_a^M f_a(x)dx = \lim\limits_{M\to\infty} \left[-a^2 e^2 \cdot \frac{M}{a} \cdot e^{-\frac{M}{a}} + a^2 e\right] = a^2 e$.

Das ist die Maßzahl der vom Graphen der Funktion $f_a$ und der x-Achse eingeschlossenen Fläche (uneigentliches Integral).

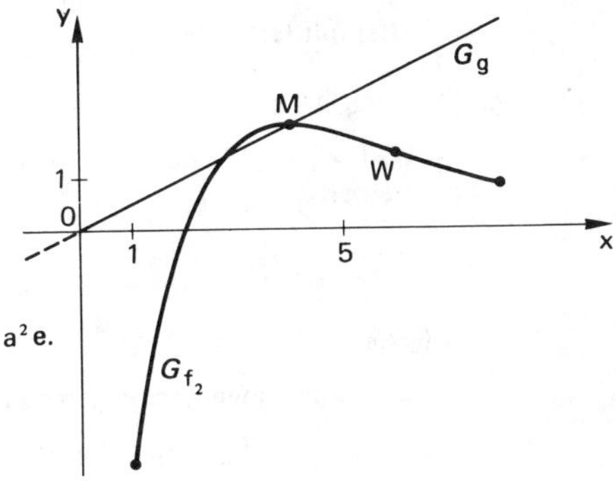


Fig. 18.3



**4. Aufgabe**

1\. a) Doppelte Nullstelle $N_{1,2}(0\,;\,0)$, einfache Nullstelle $N_3(-3u\,;\,0)$. $g'_u(x) = 3\,x(x + 2u)$; $E_1(0\,;\,0)$, $E_2(-2u\,;\,4u^3)$. Wendepunkt (Koordinaten sind arithmetisches Mittel der Koordinaten der Extremwerte $E_1$ und $E_2$) $W(-u\,;\,2u^3)$.

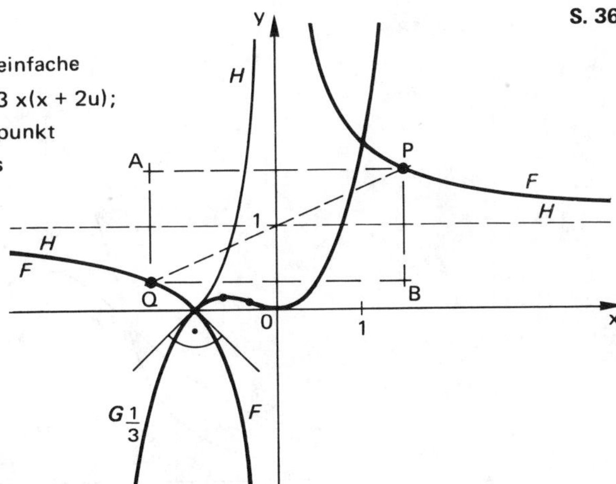


b) s. Fig. 18.4

Fig. 18.4

**S. 366** c) $J(u) = \left[\frac{1}{4}x^4 + ux^3\right]_o^{-3u} = -\frac{27}{4}u^4$. Für $u < o$ liegt die Fläche unterhalb der x-Achse; die zugehörige Maßzahl ist also negativ. Für $u > o$ ist bei J(u) die obere Grenze kleiner als die untere, die Fläche liegt aber oberhalb der x-Achse; die zugehörige Maßzahl ist also ebenfalls negativ.

2. a) *F* ist punktsymmetrisch zu M(0 ; 1). Nullstelle von f: $N_o(-1\,;0)$. $G_u$ und *F* schneiden sich für $u = \frac{1}{3}$ im Punkt $N_o$. Dabei gilt: $f'(-1) = -1$ und $g'_{\frac{1}{3}}(-1) = 1$; d. h.
*F* und $G_u$ schneiden sich in $N_o$ senkrecht.

   b) s. Fig. 18.4

3. a) P hat die Koordinaten $\left(a\,;1 + \frac{1}{a}\right)$. Wegen der Punktsymmetrie von *F* zu M hat Q die Koordinaten $\left(-a\,;1 - \frac{1}{a}\right)$.

   b) $U_{AQBP}(a) = 4 \cdot \frac{a^2+1}{a}$. $\frac{dU}{da} = 4 \cdot \frac{a^2-1}{a^2}$. Bei $a = 1$ liegt ein Minimum von U(a) mit U(1) = 8.

4. a) s. Fig. 18.4

   b) Weil $x_o = -1$ eine einfache Nullstelle von f ist, ist h an der Stelle $x_o$ nicht differenzierbar.

**5. Aufgabe**

1. a) Die Funktionen $f_p$ sind gerade Funktionen, d. h. ein Extremwert liegt auf der y-Achse: $E\left(0\,;\frac{8}{3p^2}\right)$. $F_p$ ist achsensymmetrisch zur y-Achse. Aus $f'_p(x) = -\frac{16x}{(x^2+3p^2)^2}$ folgt, daß E der einzige Extremwert ist. $f''_p(x)$ liefert die Wendepunkte $W'_p\left(-p\,;\frac{2}{p^2}\right)$ und $W_p\left(p\,;\frac{2}{p^2}\right)$, deren Existenz durch E und $\lim_{|x|\to\infty} f(x) = 0$ abgesichert ist.

**S. 367** b) s. Fig. 18.5

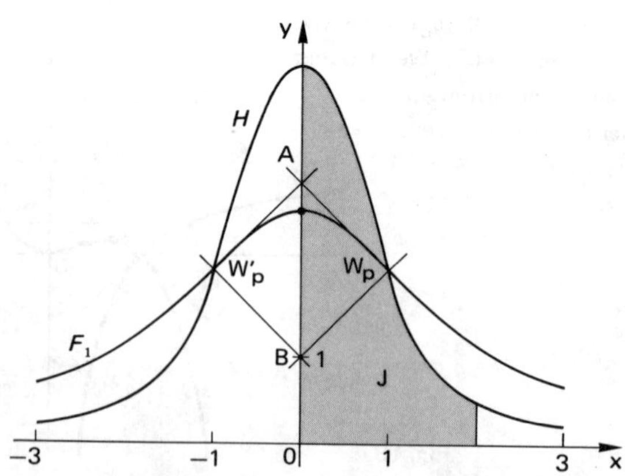


Fig. 18.5

c) Für $K$ folgt aus den Koordinaten der Wendepunkt: $y = \frac{2}{x^2}$; $x \in \mathbb{R}^+$

2. a) Tangentengleichung: $y = -p^{-3}x + 3p^{-2}$; $A(0\,;\,3p^{-2})$
   Normalengleichung: $y = p^3x - p^4 + 2p^{-2}$ ; $B(0\,;\,2p^{-2} - p^4)$

   $\overline{AB} = \frac{p^6+1}{p^2}$ ; $\overline{W_pW_p'} = 2p$.

   b) $\overline{AB} : \overline{W_pW_p'} = v(p) = \frac{1}{2}(p^3 + p^{-3}) \geqslant \frac{1}{2} \cdot 2 = 1.$ $\frac{dv}{dp} = \frac{3}{2}\,\frac{p^6-1}{p^4}$. Extremwert von $v(p)$

   für $p = 1$; Minimum, da Infimum angenommen wird. $\overline{AB} : \overline{W_pW_p'} = 1$.

3. Aus den drei Bestimmungsgleichungen $g'(1) = a - 6 + \frac{1}{3} \cdot b = -1$,

   $g(-1) = \frac{1}{3} \cdot a - 3 - \frac{1}{3} \cdot b + \frac{1}{3} \cdot c = 2$ und $g(1) = \frac{1}{3} \cdot a - 3 + \frac{1}{3} \cdot b + \frac{1}{3} \cdot c = 2$ erhält

   man $a = 5$, $b = 0$, $c = 10$; also $g(x) = \frac{1}{3}(5\,|x|^3 - 9x^2 + 10)$.

4. a) $h(-x) = h(x)$; d. h. $H$ ist achsensymmetrisch zur y-Achse.

   b) $\lim\limits_{x\to 0-0} [-\frac{2}{3}x^3 - 3x^2 + \frac{13}{3}] = \lim\limits_{x\to 0+0} [\frac{2}{3}x^3 - 3x^2 + \frac{13}{3}] = h(0) = \frac{13}{3}$; also ist h stetig

   an der Stelle $x_1 = 0$

   $\lim\limits_{x\to 1-0} [\frac{2}{3}x^3 - 3x^2 + \frac{13}{3}] = \lim\limits_{x\to 1+0} 2x^{-2} = h(1) = 2$ ; also ist h stetig an der Stelle

   $x_2 = 1$. h ist an den Stellen $x_1$ und $x_2$ differenzierbar!

   c) s. Fig. 18.5

   d) $A = \int\limits_0^1 (\frac{2}{3}x^3 - 3x^2 + \frac{13}{3})dx + \int\limits_1^2 \frac{2dx}{x^2} = [\frac{1}{6}x^4 - x^3 + \frac{13}{3}x]_0^1 + 2[-\frac{1}{x}]_1^2 = \frac{9}{2}$ ;

   also $J = 4{,}5\ \text{cm}^2$.

**6. Aufgabe**

1. a) $D_f = \{x \mid 0 < x < 2\lambda\}$. Die Funktionen $f_\lambda$ besitzen keine Nullstellen.

   b) Die Grenzwerte $\lim\limits_{x\to 0+0} f_\lambda(x)$ und $\lim\limits_{x\to 2\lambda-0} f_\lambda(x)$ existieren nicht, d. h. die Geraden $x = 0$ und $x = 2\lambda$ sind Asymptoten von $G_\lambda$.

   c) $f_\lambda(\lambda - d) = \frac{4}{\sqrt{(\lambda-d)\,(\lambda+d)}} = f_\lambda(\lambda + d)$. $x = \lambda$ ist Symmetrieachse des Graphen $G$.

   d) Ein Extremwert (Minimum) muß auf der Geraden $x = \lambda$ liegen; also $x_E = \lambda$. Wegen $f'(x) = 4\,\frac{x-\lambda}{x(2\lambda-x)\sqrt{x(2\lambda-x)}}$ existiert genau ein Minimum $E(\lambda\,;\,\frac{4}{\lambda})$. Die Ortskurve der Tiefpunkte der Graphen der Schar ist gegeben durch $y = \frac{4}{x}$.

   e) Aus $x(2\lambda_1 - x) = x(2\lambda_2 - x)$ folgt $\lambda_1 = \lambda_2$. Also können Graphen zu verschiedenen Parameterwerten $\lambda_1$ und $\lambda_2$ keine gemeinsamen Punkte haben.

**S. 367** f) s. Fig. 18.6

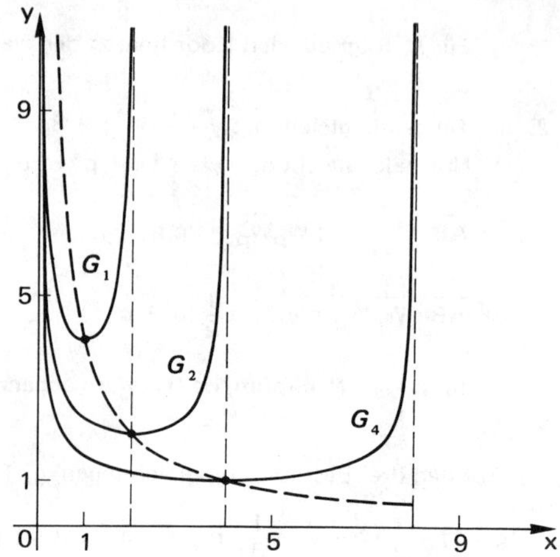


Fig. 18.6

2. a) $D_F = \{x \mid 0 \leqslant x \leqslant 2\lambda\}$.

**S. 368** b) $F'_\lambda(x) = \dfrac{4}{\sqrt{x(2\lambda - x)}} = f_\lambda(x)$.

Ableitung mit Kettenregel.

c) $A_\lambda = 2 \cdot \lim\limits_{\epsilon \to 0} \int_\epsilon^\lambda f_\lambda(x)\,dx = 2 \cdot \lim\limits_{\epsilon \to 0} \left[4 \arcsin\left(\frac{x}{\lambda} - 1\right)\right]_\epsilon^\lambda = 4\pi.$

Das uneigentliche Integral existiert; es ist von λ unabhängig, d. h. die eingeschlossene Fläche hat bei allen Kurven der Schar dieselbe Maßzahl.

**7. Aufgabe**

1. a) $D_f = \mathbb{R}_0^+$. Nullstelle: N(0 ; 0). $\lim\limits_{x \to \infty} \sqrt{e^{-x} - e^{-2x}} = 0$; die x-Achse ist waagerechte Asymptote.

b) $f'(x) = \dfrac{2 - e^x}{2e^x \sqrt{e^x - 1}}$. Aus der strengen Monotonie von $g(x) = e^x$ folgt die Existenz von genau einer Nullstelle von f' mit Vorzeichenwechsel von + nach – ; $E\left(\ln 2 ; \frac{1}{2}\right)$ ist also Maximum. $W_f = \left\{y \mid 0 \leqslant y \leqslant \frac{1}{2}\right\}$.

c) $\lim\limits_{x \to 0+0} f'(x)$ existiert nicht; d. h. der Graph von f mündet senkrecht in die Nullstelle N ein. $\lim\limits_{x \to \infty} \left[\dfrac{1}{e^x \sqrt{e^x - 1}} - \dfrac{1}{2\sqrt{e^x - 1}}\right] = 0$ (Bestätigung von 1. a)). Aus der Existenz von E, aus $f'(x) < 0$ für $x > \ln 2$ und weil die x-Achse Asymptote ist, folgt die Existenz von mindestens einem Wendepunkt.

d) $f(\ln 4) = \frac{1}{4}\sqrt{3} \approx 0{,}43$. s. Fig. 18.7

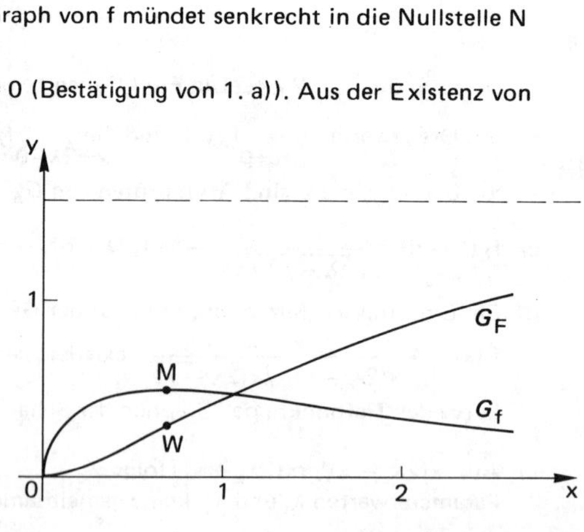


Fig. 18.7

2. a) Nullstelle: N(0 ; 0). Horizontaltangente für $x = 0$. Waagerechte Asymptote für $x \to \infty$. **S. 368**

Wendepunkt: $x_W = \ln 2$. Steigung der Wendetangente: $m_W = \frac{1}{2}$. s. Fig. 18.7

b) $$\frac{1}{2\sqrt{e^x - 1}} - \frac{2 - e^x}{2e^x\sqrt{e^x - 1}} = \frac{e^x - 1}{e^x\sqrt{e^x - 1}} = f(x).$$

$$\int f(x)\,dx = \int \frac{dz}{z^2 + 1} - \int f'(x)\,dx = \arctan\sqrt{e^x - 1} - \frac{\sqrt{e^x - 1}}{e^x} + C$$

c) $$F(x) = \arctan\sqrt{e^x - 1} - \frac{\sqrt{e^x - 1}}{e^x}.$$

$$\lim_{x\to\infty} F(x) = \lim_{x\to\infty} \arctan\sqrt{e^x - 1} - \lim_{x\to\infty} f(x) = \frac{1}{2}\pi - 0.$$

Der Graph von $F$ hat die Asymptote $y = \frac{1}{2}\pi$. Der von dem Graphen von f und der x-Achse eingeschlossenen Fläche kann eine Maßzahl zugeordnet werden (das uneigentliche Integral existiert).

**8. Aufgabe**

1. a) Der Graph von u ist achsensymmetrisch zur y-Achse; der Graph von v ist punktsymmetrisch zum Ursprung; der Graph von f besitzt keine Symmetrien der genannten Art. **S. 369**

b) f ist an der Stelle $x_0 = 0$ nicht differenzierbar, da u dort nicht differenzierbar ist, d. h. $D_{f'} = \mathbb{R} \setminus \{0\}$.

$$\lim_{x\to 0-0}\left[\frac{2}{1 + x^2} - 1\right] = 1\ ;\ \lim_{x\to 0+0}\left[\frac{2}{1 + x^2} + 1\right] = 3.$$

c) f' hat an der Stelle $x_E = -1$ eine einfache Nullstelle mit Vorzeichenwechsel von – nach +. $E(-1\ ; -\frac{\pi}{2} + 1)$ ist also Minimum.

d) Für $x < -1$ gilt $f'(x) < 0$, d. h. f nimmt streng monoton ab für $x \in\ ]-\infty\ ; -1\ [$.

e) $\lim_{x\to\infty} (x + 2 \cdot \arctan x) = \lim_{x\to\infty} x + \pi$ ; d. h. g: $y = x + \pi$ ist Asymptote.

$\lim_{x\to -\infty} (-x + 2 \cdot \arctan x) = \lim_{x\to -\infty} (-x) - \pi$ ; d. h. h: $y = -x - \pi$ ist Asymptote.

2. a) $f(-3) = 3 - 2 \cdot \arctan 3 \approx 0{,}502$;

$f(-\sqrt{3}) = \sqrt{3} - \frac{2}{3}\pi \approx -0{,}362$;

$f(-1) = 1 - \frac{1}{2}\pi \approx -0{,}571$;

$f(0) = 0$; $f(1) = 1 + \frac{1}{2}\pi \approx 2{,}571$;

$f(\sqrt{3}) = \sqrt{3} + \frac{2}{3}\pi \approx 3{,}826$;

$f(3) = 3 + 2 \cdot \arctan 3 \approx 5{,}498$.

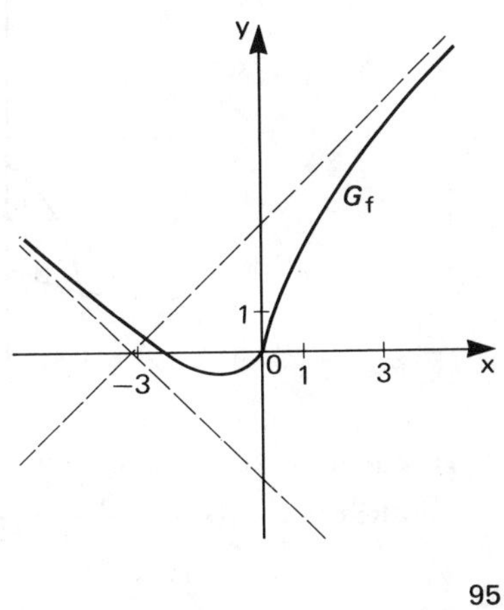


b) s. Fig. 18.8

Fig. 18.8

S. 369 3. a) $f(-2{,}5) \approx 0{,}119 > 0$; $f(-2) \approx -0{,}214 < 0$; d. h. es existiert mindestens eine Nullstelle im Intervall $J$. In $J$ ist f streng monoton fallend, d. h. es existiert genau eine Nullstelle in $J$.

b) $f(-2{,}25) \approx -0{,}055 < 0$, d. h. die Nullstelle liegt im Intervall $[-2{,}5\,;-2{,}25]$.

4. a) $\int_{-a}^{a} f(x)dx = \int_{-a}^{a} u(x)dx + \int_{-a}^{a} v(x)dx$; weil v eine ungerade Funktion ist, ist der zweite

Summand Null. Also $\int_{-a}^{a} f(x)dx = \int_{-a}^{a} u(x)dx$.

b) $\int_{-a}^{a} f(x)dx = 2\int_{0}^{a} x \cdot dx = a^2$.

**9. Aufgabe**

1. a) Nullstelle: N(ln 2 ; 0).

$\lim_{x\to\infty} \left[\frac{1}{1+4e^{-2x}} - \frac{4}{e^{2x}+4}\right] = 1$; Asymptote bei $y = 1$.

$\lim_{x\to-\infty} \left[\frac{e^{2x}}{e^{2x}+4} - \frac{4}{e^{2x}+4}\right] = -1$; Asymptote bei $y = -1$.

$f'(x) = 16\,\frac{e^{2x}}{(e^{2x}+4)^2} > 0$, d. h. f wächst streng monoton. Also $W_f = ]-1\,;1[$.

b) $f''(x) = 32e^{2x}\,\frac{4-e^{2x}}{(e^{2x}+4)^3}$, einfache Nullstelle bei $x_W = \ln 2$ für $f''$.

Also W = N. Steigung der Wendetangente: $f'(\ln 2) = 1$.

S. 370 2. a) $f(\ln 2 - d) = 1 - \frac{2}{e^{-2d}+1} = \frac{1-e^{2d}}{1+e^{2d}} = -1 + \frac{2}{e^{2d}+1} = -f(\ln 2 + d)$.

$G_f$ ist punktsymmetrisch zum Wendepunkt (zur Nullstelle).

b) s. Fig. 18.9

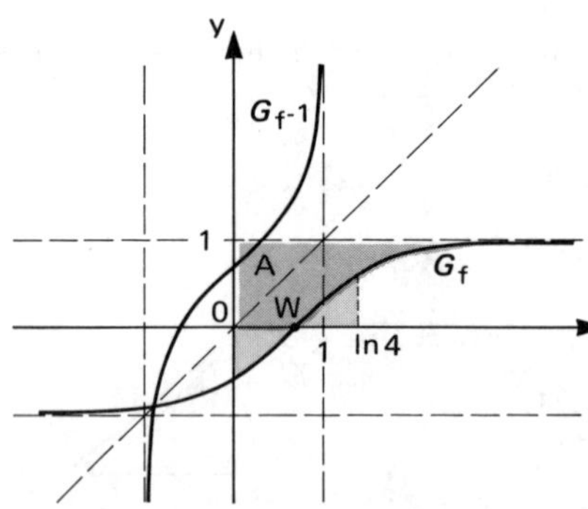


Fig. 18.9

3. a) Aus $(e^x - 2)^2 \geq 0$ folgt $e^{2x} + 4 \geq 4e^x$.

Also gilt $1 - f(x) = \frac{8}{e^{2x}+4} \leq \frac{8}{4e^x} = 2e^{-x}$.

b) $A = \ln 4 + \int_{\ln 4}^{\infty} (1 - f(x))dx \leqslant \ln 4 + \int_{\ln 4}^{\infty} 2e^{-x}dx = 2 \cdot \ln 2 + \frac{1}{2}$, d. h. der Fläche A kann eine Maßzahl zugeordnet werden. **S. 370**

4. a) $1 - y^2 = \frac{(e^{2x} + 4)^2 - (e^{2x} - 4)^2}{(e^{2x} + 4)^2} = 16 \frac{e^{2x}}{(e^{2x} + 4)^2} = f'(x)$

b) f ist mit $D_f = \mathbb{R}$ und $W_f = ]-1\,;1[$ eine bijektive Abbildung, d. h. zu f existiert eine Umkehrfunktion $f^{-1}$. $S(0\,; \ln 2)$.

c) Wegen $e^{2x} = 4 \cdot \frac{1 + f(x)}{1 - f(x)}$ gilt für die Umkehrfunktion $f^{-1}$:

$e^{2f^{-1}(x)} = 4 \cdot \frac{1 + x}{1 - x}$. Also ist $(f^{-1})'(x) = \frac{1}{f'(f^{-1}(x))} = \frac{(e^{2f^{-1}(x)} + 4)^2}{16e^{2f^{-1}(x)}} =$

$$\frac{\left(4 \cdot \frac{1 + x}{1 - x} + 4\right)^2}{16 \cdot 4 \cdot \frac{1 + x}{1 - x}} = \frac{1}{1 - x^2}.$$

**10. Aufgabe**

1. a) Für alle $x \in \mathbb{R}_0^+$ gilt: $(x - 1)^2 \geqslant 0$, d. h. $x^2 + 1 \geqslant 2x$;
für alle $x \in \mathbb{R}^-$ gilt: $(x + 1)^2 \geqslant 0$, d. h. $x^2 + 1 \geqslant -2x$; also

$\frac{|2x|}{x^2 + 1} \leqslant 1$, d. h. $D_f = \mathbb{R}$. $\lim\limits_{|x| \to \infty} \arccos \frac{2x}{x^2 + 1} = \arccos 0 = \frac{1}{2}\pi$.

b) Nullstelle: $\arccos 1 = 0$, d. h. $N(1\,; 0)$. Schnittpunkt mit der y-Achse:
$\arccos 0 = \frac{1}{2}\pi$, d. h. $S(0\,; \frac{1}{2}\pi)$.

c) $f'(x) = \frac{2(x^2 - 1)}{\sqrt{(x^2 - 1)^2}\,(x^2 + 1)} = \frac{2(x^2 - 1)}{|x^2 - 1|\,(x^2 + 1)}$.

$\lim\limits_{x \to -1-0} f'(x) = 1$, $\lim\limits_{x \to -1+0} f'(x) = -1$; $\lim\limits_{x \to 1-0} f'(x) = -1$, $\lim\limits_{x \to 1+0} f'(x) = 1$.

f' ist an den Stellen $x_1 = -1$ und $x_2 = 1$ unstetig; f ist an diesen Stellen nicht differenzierbar; $G_f$ hat an den Stellen $x_1$ und $x_2$ einen Knick.
$f'(x) > 0$ für $x \in \mathbb{R} \setminus ]-1; 1[$; also f streng monoton steigend.
$f'(x) < 0$ für $x \in ]-1; 1[$; also f streng monoton fallend.

d) $E_1(-1\,; \pi)$, $E_2(1\,; 0)$; $W_f = \{y \mid 0 \leqslant y \leqslant \pi\}$. $G_f$ ist punktsymmetrisch zu S.

e) s. Fig. 18.10

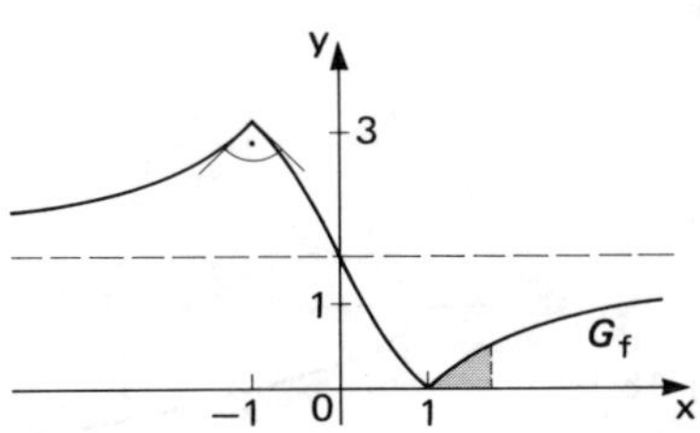


Fig. 18.10

2. a) Für $x \in D_J$ ist f streng monoton wachsend, d. h. es existiert genau eine Nullstelle von J, nämlich $N_J(1\,; 0)$.

**S. 370** b) $A = \left[x \arccos \frac{2x}{x^2+1}\right]_1^{\sqrt{3}} - \left[\ln(x^2+1)\right]_1^{\sqrt{3}}$

$= \sqrt{3} \cdot \arccos \frac{1}{2}\sqrt{3} - \ln 2 = \sqrt{3}\,\frac{\pi}{6} - \ln 2 \approx 0{,}214$

## 18. Ergänzungen und Ausblicke

**S. 372** 1. a) $V = \pi \int_0^h r^2\,dx = \pi\, r^2 h$ (Zylinder)

b) $V = \pi \int_0^3 x^2\,dx = 9\pi$ (Kegel)

c) $V = \pi \int_1^6 x^2\,dx = \frac{215}{3}\pi = 225{,}15$ (Kegelstumpf)

d) $V = \pi \int_0^R \left(\frac{R-r}{h}x + r\right)^2 dx = \frac{h}{3}\pi\,(R^2 + Rr + r^2)$ (Kegelstumpf)

2. a) Höhe des Paraboloids: h, $f(x) = r\sqrt{\frac{x}{h}}$

$V_P = \pi\, r^2 \int_0^h \frac{x}{h}\,dx = \frac{1}{2} r^2 h\pi$ $\qquad V_Z = r^2 h\pi$

b) $f(x) = \frac{b}{a}\sqrt{a^2 - x^2}$

$V = 2\pi \frac{b^2}{a^2} \int_0^a (a^2 - x^2)\,dx = \frac{4}{3}\pi\, b^2 a$

Spezialfall: Kugelvolumen $V_K = \frac{4}{3}\pi\, r^3$

c) $V = \pi \int_2^5 (x^2 - 1)\,dx = 36\pi = 113{,}10$

d) $V = \frac{\pi}{25} \int_4^8 (x^3 - 4x^2)\,dx = \frac{1088}{75}\pi$, Fassungsvermögen 45,57 l

e) $V = \frac{2}{3}\pi\, ab^2 + \pi \int_{-c}^0 \left(-\frac{b}{c^2}x^2 + b\right)^2 dx = \frac{2}{15}\pi\, b^2 (5a + 4c)$

Speziell: $V = \frac{344}{15}\pi = 72{,}05$

s. Fig. 18.11

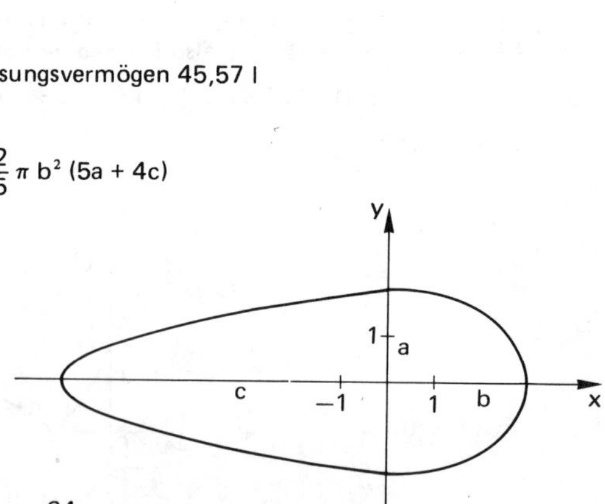


Fig. 18.11

**S. 373** 3. a) $V = \pi \int_0^2 (4t - t^3)2t\,dt = \pi \int_0^4 x(4-x)^2\,dx = \frac{64}{3}\pi = 67{,}02$

b) $V = \pi r^3 \int_0^{2\pi} (1 - \cos t)^3 dt = 5\pi^2 r^3$, $V_Z = \pi r^2 \cdot \frac{5}{2} \cdot 2\pi r$ **S. 373**

4. a) Der Ansatz $f(x) = \sqrt{mx + b^2 - ma}$ führt zu $m = \frac{b^2}{a}$ ; Parabelgleichung: $y^2 = \frac{b^2}{a} x$,
Minimalvolumen: $V = 2ab^2 \pi$

b) $V(a) = \frac{4}{3}\pi \frac{a}{(a+2)^2}$ ; Extremwert: a = 2 (Maximum)

$f(x) = \frac{1}{8} x(2 - x)$ ; $V_{max} = \frac{1}{6}\pi$ ;

s. Fig. 18.12

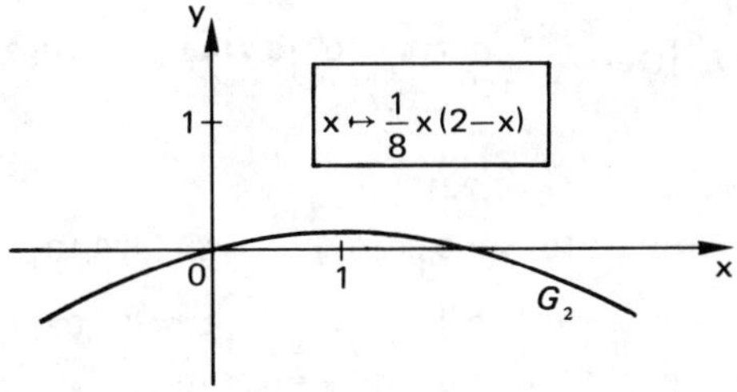


Fig. 18.12

5. a) $V = \pi \int_{-r}^{r} (a + \sqrt{r^2 - x^2})^2 dx - \pi \int_{-r}^{r} (a - \sqrt{r^2 - x^2})^2 dx = 4a\pi \int_{-r}^{r} \sqrt{r^2 - x^2}\, dx$

$= 2\, ar^2 \pi^2$ s. 16.1. Aufgabe 16!

b) $V = \pi r^2 \cdot 2a\pi$ Zweite Guldinsche Regel

6. Die zweite Symmetrieachse der Figur 18.4 (S. 373) als y-Achse wählen!

Parabelgleichung: $y = -\frac{4(R - r)}{h^2} x^2 + R$, $V = 2\pi \int_0^{\frac{1}{2}h} y^2 dx$

Spezieller Fall: $V = r^2 h\pi$ (Zylinder)

**Anhang II**

1. a) 2,0022 b) 1,9929 c) 0,1206 d) 0,7243–1 e) 0,9031–2 **S. 377**

2. a) 15,90 b) 1,186 c) 0,03801 d) 3,467 e) 0,3162

3. a) $10^{0,7525} = 5{,}656$ b) $10^{0,5763-1} = 0{,}3770$ c) $10^{0,1657} = 1{,}465$
d) $10^{2,3881} = 244{,}4$ e) $10^{0,6359-2} = 0{,}04324$

4. a) 21,57 b) 1,176 c) 30,78 d) 1,230

5. a) $10^{47,9116} = 8{,}158 \cdot 10^{47}$ b) $10^{39,2925} = 1{,}961 \cdot 10^{39}$
c) $10^{15,0508} = 1{,}124 \cdot 10^{15}$ d) $\frac{55!}{29!} = 10^{42,1572} = 1{,}436 \cdot 10^{42}$

**S. 377** 6. a) $\frac{64!}{24! \cdot 40!} = 10^{17,3991} = 2{,}507 \cdot 10^{17}$ b) $\frac{75!}{30! \cdot 45!} = 10^{20,8931} = 7{,}818 \cdot 10^{20}$

c) $\frac{32!}{(8!)^4} = 10^{16,9982} = 9{,}959 \cdot 10^{16}$ d) $\frac{16 \cdot 39 \cdot 79}{49 \cdot 97 \cdot 99} = 0{,}1048$

e) $\frac{15 \cdot 21 \cdot 43 \cdot 6! \cdot 43!}{49!} = 10^{0,2871-3} = 0{,}001937$

Die Wahrscheinlichkeit, daß ein Spieler beim Zahlenlotto „6 aus 49" vier „Richtige" hat, beträgt 0,1937 %.

**S. 378** 7. $\left[\left(1 - \frac{1}{14 \cdot 10^6}\right)^{14 \cdot 10^6}\right]^{5,7143} \approx (e^{-1})^{5,7143} = 0{,}003298 = 3{,}3\ ‰$

8. a) $L = \{-0{,}2218\}$

b) $0{,}0107\, x = 0{,}3010$ $L = \{28{,}13\}$

c) $x = 10^{1,9446}$ $L = \{88{,}02\}$

d) $0{,}4771\, x = 0{,}3010\, x + 0{,}3010$ $L = \{1{,}71\}$

e) $(\lg x)^2 = 4$ $L = \{0{,}01\ ;\ 100\}$

f) $(\lg x)^2 - 2 \lg x - 3 = 0$ $L = \{0{,}1\ ;\ 1000\}$

9. a) $0{,}0969 \cdot n > 6,\ n = 62$

b) $-0{,}3979 \cdot n < -7,\ n = 18$

c) $-0{,}0580 \cdot n < -3{,}6990,\ n = 64$